ERGONOMICS

高等院校艺术设计专业基础教材

人体工程学

主　编　吕荣丰　姜　芹
副主编　张　莹　宋　敏

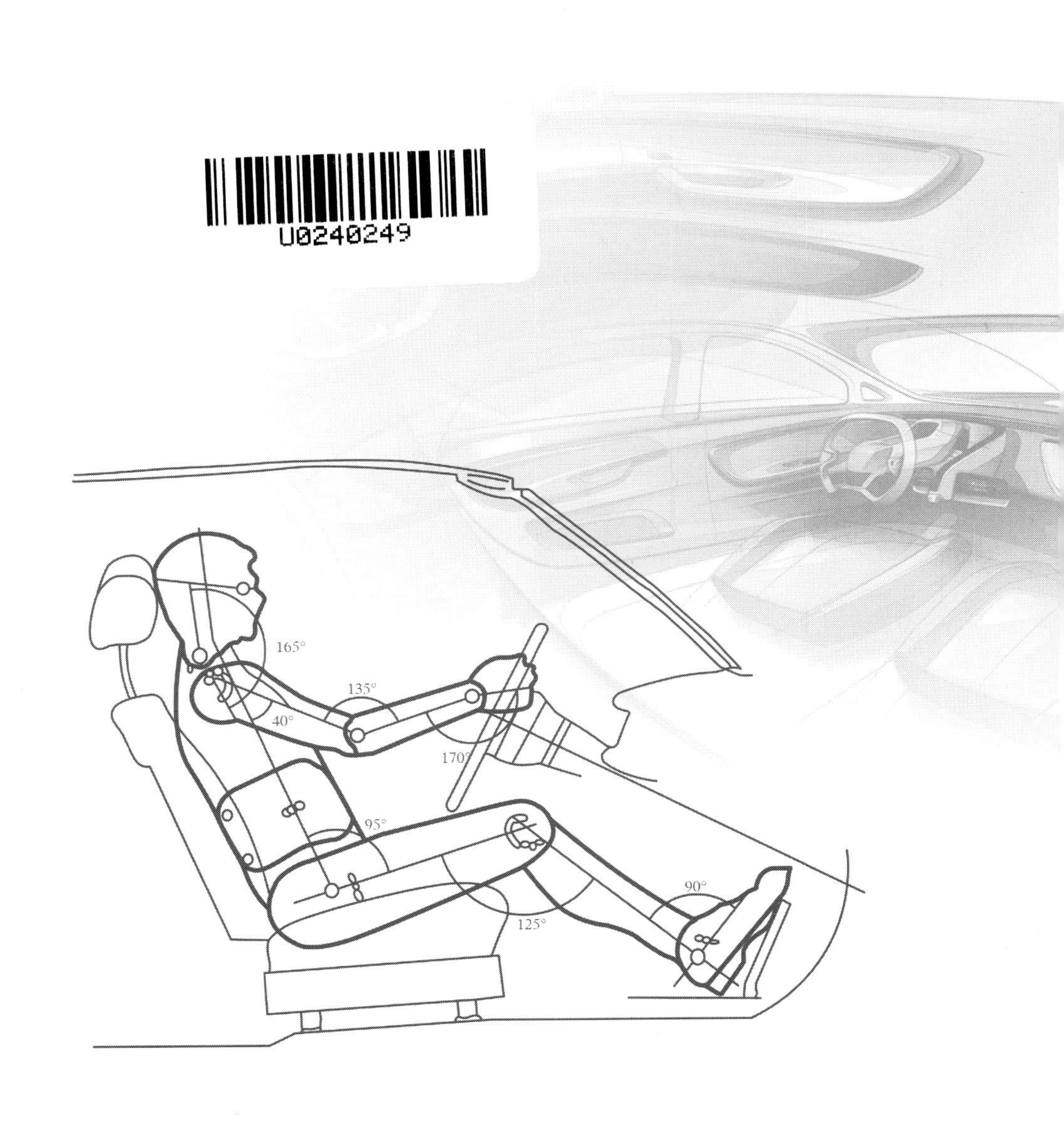

重庆大学出版社

图书在版编目（CIP）数据

人体工程学 / 吕荣丰，姜芹主编. —重庆：重庆大学出版社，2014.9（2022.1重印）
高等院校艺术设计专业基础教材
ISBN 978-7-5624-8557-5

Ⅰ.①人… Ⅱ.①吕…②姜… Ⅲ.①工效学—高等学校—教材 Ⅳ.①TB18
中国版本图书馆CIP数据核字（2014）第200158号

高等院校艺术设计专业基础教材
人体工程学
Renti Gongchengxue

主 编 吕荣丰 姜 芹
副主编 张 莹 宋 敏
策划编辑：蹇 佳
责任编辑：李桂英 版式设计：蹇 佳
责任校对：谢 芳 责任印刷：赵 晟
*
重庆大学出版社出版发行
出版人:饶帮华
社址：重庆市沙坪坝区大学城西路21号
邮编:401331
电话：（023） 88617190 88617185（中小学）
传真：（023） 88617186 88617166
网址：http://www.cqup.com.cn
邮箱：fxk@cqup.com.cn（营销中心）
全国新华书店经销
重庆华林天美印务有限公司印刷
*
开本：889mm×1194mm 1/16 印张：12.5 字数：209千
2014年9月第1版 2022年1月第5次印刷
印数：8 001—10 000
ISBN 978-7-5624-8557-5 定价：38.00元

前言

Qianyan

人体工程学是于20世纪40年代晚期兴起的一门边缘学科。由于其学科内容的综合性、涉及范围的广泛性以及学科侧重点的多样性，人体工程学的学科命名具有多元化的特点。人体工程学是研究人和机器、环境的相互作用及其合理结合，使设计的机器和环境系统适合人的生理、心理特点，达到在生产中提高效率、安全、健康和舒适的目的。简而言之，人体工程学是以人一机一环境的关系为研究对象，采用测量、模型工作、调查、数据处理等研究方法，通过对人体的生理特征、认知特征、行为特征，以及人体适应特殊环境的能力极限等方面的研究，最终达到安全、健康、舒适和工作效率的最优化。在人类的日常生活中，室内环境扮演着极为重要的角色，是满足人类的各层次需要的核心。室内家具与空间环境的舒适度直接决定了人们生理需求的满足程度，这就意味着人们需要进一步明确以积极有效的方式来设计和改造环境的可能性。在此基础上，人体工程学致力于将人体的测量数据、感官反应、动作行为与室内家具、空间环境相结合，发掘具体对象的不同层次需求标准，实现人一机一环境的和谐统一。

人体工程学是多个学科所必修的一门专业基础课，它涉及产品设计、室内设计、建筑设计等多种专业。

设计目的是为了满足人的需求，以人为本是最基本的设计原则。人体工程学已成为许多设计的基础平台，它是建立在“人”的生理结构、心理感受等基础上的，是研究人、机器、环境之间的关系，能使人一机一环境系统总体性能达到最优化。人体工程学研究是科技发展对人类关注的结果已经成为设计领域较为重要的参照因素。本书是根据人体工程学的诞生、发展脉络来讲述设计中对于人体工程学的应用方法。

本教材主要内容包括：人体工程学概述、研究方法、人体尺寸参数的运用和生理、心理系统对人的行为影响，并以大量实例来说明人体工程学在人机界面、工业设计、室内环境设计中的重要性和必要性。各章多有大量图表，使本书内容更为丰富、直观、易读、易懂。在设计部分还加入了一些设计案例和分析。

本书可作为高等院校艺术设计（包括工业设计和产品设计）等专业的基础教材。

本书由荆楚理工学院吕荣丰、姜芹任主编，湖北生态工程职业技术学院张莹、荆楚理工学院宋敏任副主编。在教材的编写过程中，不可避免地参考了相关学者的研究论著，以及采用了同行和学生的作品。在此，谨向这些作者表示衷心的感谢。

编著者

2014年1月

目 录

Contents

1 人体工程学概述 ······ 1

1.1 人体工程学的命名、定义及内涵 ······ 1

1.1.1 人体工程学命名 ······ 1

1.1.2 人体工程学的定义 ······ 2

1.1.3 人体工程学的内涵 ······ 2

1.2 人体工程学的形成与发展 ······ 3

1.2.1 人体工程学萌芽阶段——经验人体工程学 ······ 3

1.2.2 人体工程学的形成阶段——科学人体工程学 ······ 5

1.2.3 人体工程学的发展阶段——现代人体工程学 ······ 5

1.3 人体工程学的学科构成、研究内容及研究方法 ······ 6

1.3.1 人体工程学的学科构成 ······ 6

1.3.2 学科的研究内容 ······ 7

1.3.3 学科的研究方法 ······ 8

1.4 人体工程学与艺术设计的关系 ······ 10

1.5 人体工程学与人性化设计 ······ 11

2 人体尺寸测量与设计应用 ······ 12

2.1 人体测量 ······ 12

2.1.1 人体测量学概述 ······ 12

2.1.2 人体测量分类 ······ 12

2.1.3 人体测量学中常用的专业术语 ······ 13

2.1.4 人体测量方法 ······ 15

2.1.5 人体测量数据的统计处理术语 ······ 15

2.2 常用人体尺寸参数 ······ 16

2.2.1 人体尺度的影响因素 ······ 16

2.2.2 常用成年人人体尺寸 …… 18
2.2.3 人体主要尺寸参数计算 …… 22

2.3 人体测量知识应用 …… 26

2.3.1 人体测量数据的应用 …… 26
2.3.2 人体模板与应用 …… 28

3 人体运动系统 …… 31

3.1 肌肉生理特征 …… 31

3.1.1 肌肉分类及其运动特征 …… 31
3.1.2 肌肉施力 …… 31

3.2 骨与关节运动 …… 35

3.2.1 骨的功能 …… 37
3.2.2 骨杠杆 …… 37

3.3 人体运动 …… 39

3.3.1 人体运动的种类 …… 39
3.3.2 关节活动域 …… 40
3.3.3 肢体力量范围 …… 44

3.4 人体操作动作分析 …… 48

3.4.1 意识动作分类 …… 48
3.4.2 动作分析与动作经济原则 …… 49

4 人机系统 …… 52

4.1 系统 …… 52

4.1.1 系统的概念 …… 52
4.1.2 系统的特性 …… 52

4.2 人机系统 …… 53

4.2.1 人机系统的组成和类型 …… 53
4.2.2 人机系统总体设计的目标 …… 56
4.2.3 人机系统总体设计的原则 …… 56
4.2.4 人机系统总体设计的程序、步骤及方法 …… 59

4.3 人机系统检查 …… 63

5 人机界面设计 ········ 67

5.1 人机界面概述 ········ 67

5.2 显示装置设计 ········ 68

5.2.1 人的视觉特征 ········ 68
5.2.2 视觉显示器的类型及设计原则 ········ 70
5.2.3 仪表类显示装置设计 ········ 73

5.3 控制系统设计 ········ 76

5.3.1 操纵装置的类型 ········ 76
5.3.2 操纵装置的选择 ········ 77
5.3.3 操纵装置的人体工程学设计原则 ········ 77
5.3.4 操纵装置——控制器的排列 ········ 81
5.3.5 常用手控操纵装置的设计 ········ 83

5.4 显示系统与控制系统综合设计的方法 ········ 85

5.4.1 控制器和显示器的协调性 ········ 85
5.4.2 集中控制中的显控界面设计原则 ········ 87

6 人体工程学在工业设计中的应用 ········ 88

6.1 工业设计与人体工程学 ········ 88

6.1.1 工业设计与人体工程学的关系 ········ 89
6.1.2 人体工程学在工业设计中的应用 ········ 91
6.1.3 工业设计中的人机分析 ········ 94

6.2 手握式工具设计 ········ 97

6.2.1 解剖学原则 ········ 98
6.2.2 人体工程学原则 ········ 99
6.2.3 把手设计 ········ 100

6.3 人体工程学在手持式电子产品中的应用 ········ 101

6.3.1 人体工程学在鼠标设计中的应用 ········ 101
6.3.2 人体工程学在手机设计中的应用 ········ 104

7 人体工程学在家具设计中的应用 ········ 107

7.1 家具设计与人体工程学 ········ 107

7.1.1 人体生理机能与家具设计的关系概述 ········ 108
7.1.2 家具分类及功能尺度 ········ 109

7.2 坐卧性家具中的人体工程学设计 112
7.2.1 座椅设计中的人体工程学 112
7.2.2 沙发设计中的人体工程学 115
7.2.3 卧具设计中的人体工程学 120
7.3 凭倚性家具中的人体工程学设计 123
7.3.1 坐式用桌的功能尺度 124
7.3.2 站立式用桌的功能尺度 126
7.4 储存类家具中的人体工程学设计 127
7.4.1 储存类家具与人体的尺度关系 127
7.4.2 储存类家具与储存物的尺度关系 129
8 人体工程学在环境艺术设计中的应用 130
8.1 人体工程学在环境空间设计中的作用 130
8.2 人体工程学在室内环境设计中的应用综述 132
8.2.1 室内光环境设计 132
8.2.2 室内色彩环境设计 135
8.2.3 室内界面质地设计 143
8.2.4 室内空间设计 147
8.3 人体工程学在家居设计中的应用 157
8.3.1 人体工程学与门厅（玄关）设计 157
8.3.2 人体工程学与起居室的设计 157
8.3.3 人体工程学与厨房的设计 161
8.3.4 人体工程学与卫生间的设计 167
8.3.5 人体工程学与餐厅设计 169
8.3.6 人体工程学与卧室的设计 173
8.3.7 人体工程学与书房的设计 179
8.4 人体工程学在公共空间设计中的应用 181
8.4.1 办公空间设计 181
8.4.2 商业空间设计 184
8.4.3 餐饮空间设计 187

1

人体工程学概述

人体工程学是研究人、机及环境之间相互作用的一门新兴的综合性边缘学科，它经历了人与器具——经验人体工程学——科学人体工程学——现代人体工程学等几个发展阶段。通过研究揭示人—机—环境之间相互关系的规律，确保设计中的人—机—环境系统总体性能的最优化。

1.1 人体工程学的命名、定义及内涵

人体工程学在其自身的发展过程中逐步打破各学科之间的界限，并有机地整合了相关学科的理论，不断地完善自身的基本概念、理论体系、研究方法、技术标准和规范，从而形成了一门研究内容和应用范围都极为广泛的综合性边缘学科。它具有现代新兴边缘学科共有的特点，如学科命名多样化、学科定义不统一、学科边界模糊、学科内容综合性强、学科应用范围广泛等。

1.1.1 人体工程学命名

该学科在国内外还没有统一的名称，如北美多将其称为人体工程学(Human Engineering)、人因工程学(Human Factors Engineering)，西欧国家称为人类工效学(Ergonomics)，俄罗斯称为工程心理学(Engineering Psychology)，日本则称为人间工学。

任何一门学科的名称和定义都不是一成不变的，特别是新兴边缘学科，随着学科的不断发展和研究内容的不断增多，其名称和定义还会发生变化。人体工程学常见的名称还有人—机—环境系统工程、人机工程学、人类工效学、人类工程学、工程心

理学等。不同的名称，其研究重点略有差别。因为本书主要从多学科应用的角度为设计师和学习者提供有关这一边缘学科的基础理论及应用，因而主要采用人体工程学这一较为通用的学科名称。

1.1.2　人体工程学的定义

该学科的定义也不统一，我们在这就不一一列举了。目前，国际人类工效学学会(International Ergonomics Association，简称IEA)为人体工程学所下的定义是最权威、最全面的，即研究人在某种工作环境中的解剖学、生理学和心理学等方面的各种因素，研究人和机器及环境的相互作用，研究在工作中、家庭生活中和休假时怎样统一考虑工作效率、人的健康、安全和舒适等问题的学科。

从上述定义中我们可以认为，人体工程学是按照人的特性来设计和优化人—机—环境系统的科学，主要目的是使人能安全、健康、舒适和高效地进行各项活动。其中，系统的安全可靠，特别是人的安全和健康是首先要考虑的问题。

1.1.3　人体工程学的内涵

(1) 人—机—环境系统的具体含义

人——指操作者或使用者；机——泛指人操作或使用的物，可以是机器，也可以是用具、工具或设施、设备等；环境——是指人、机所处的周围环境，如作业场所和空间、物理化学环境和社会环境等；人—机—环境系统——是指由共处于同一时间和空间的人与其所使用的机以及它们所处的周围环境所构成的系统，简称人—机系统。

(2) 人—机—环境之间的关系

相互依存；相互作用；相互制约。

(3) 人机工程学的特点

学科边界模糊；学科内容综合性强；涉及面广。

(4) 人机工程学的研究对象

人—机—环境系统的整体状态和过程。

(5) 人机工程学的任务

使机器的设计和环境条件的设计适应于人，以保证人的操作简便省力、迅速准确、安全舒适，心情愉快，充分发挥人、机效能，使整个系统获得最佳经济效益和社会效益。

1.2 人体工程学的形成与发展

虽然人体工程学作为一门学科发展至今才近百年，发展历史很短，但是，人体工程学研究的基本问题——人、机、环境间的关系问题，却同人类制造工具的历史一样悠久。无论东方还是西方，早在人类社会早期，人们在制造打磨劳动工具、生活器皿，建造居住环境时就开始了对人体工程学的应用。让器物和环境适合人的生理、心理特征是人类自发的思维倾向和本能的行为方式，如原始人由于自身生存的需要，在适应自然环境和围捕猎物求生存时，必须自发地制作出使用方便、顺手的劳动工具，以求安全和舒适。又如在“围山打猎”时投掷树枝或者是锋利的石头，虽然这些对猎物有较强的杀伤力，但同时会损伤自身手部，带来诸多不便。要使之成为顺手的工具，它们应该具备两个条件：一是人手要拿得动、握持得住；二是将手握的树枝部位打磨光滑，或是将锋利的石块绑上打磨后的树干作为手柄，且手握部位要适合人手的形态，如图1-1所示。

图1-1　新石器时代石斧、石镞

当然，在这个阶段里人们并没有在意识上理解自己所制造的工具与自身能力的关系，因而导致了人机关系的低效率，甚至会对人自身产生伤害。

1.2.1 人体工程学萌芽阶段——经验人体工程学

工业革命以后，随着工业技术的进步，速度更快、力量更强大的机器被人类制造出来，但这时的人并未充分意识到机器与人（使用者）相互协调的重要性，对使用者的身心健康都造成了很大的损伤，如图1-2所示。

图1-2　《摩登时代》剧照图

机器与人的不协调不仅损害工人身心健康，也不利于生产效率、工作效率的提高，因此包括企业家、工程师在内的全体社会成员开始逐渐关注这个问题。19世纪末20世纪初，人们开始采用科学方法研究人的能力与其使用的工具之间的关系，从而进入有意识地研究人机关系的新阶段。这一阶段，最具影响力的首推被称为“科学管理之父”的泰勒（W.Taylor）和吉尔布雷斯（F.Gilbreth）。

泰勒被认为是最早对人与工具匹配问题进行科学研究的学者。他在美国伯利恒钢铁公司(Midvale Steel Company)进行了一系列有关提高工作效率的试验。通过试验，他找到了工人铲煤、铲铁矿石最有效的铁铲形式，可以说是一种基于研究的人机工程分析和设计方法。其科学管理理论的宗旨是：使机器生产所要求的机器运动同人与作业之间、人与工作组织形式之间建立起最佳的匹配关系，把人的无效活动降到最低。泰勒的研究和理论特别重视“测量”的概念，认为只有通过测量才能找到改良生产效率的途径，并且要用测量来验证改良的绩效。

吉尔布雷斯研究过人的技能作业、疲劳问题，他热衷于时间动作研究(time and motion study)，并为伤残人士设计工作台。他在对手术过程的动作研究中发现，主刀医生用于找手术工具的时间（所谓无效时间）与观察患者的时间一样长，这显然是低效的工作方式。他提出的解决方案是为主刀医生配一个辅助医生，这种手术方式一直沿用到今天。

他们的理论和研究都对后来的人体工程学发展起了重要的作用，但其理论和研究并没有明确提出“机器适应于人的思想”，而更多地强调“使人适应于机器”或者“使人适应于工作”。

在这一阶段，其学科主要特点是以机械为中心进行设计，在人机关系上以选择和培训操作者为主，使人适应机器。

1.2.2 人体工程学的形成阶段——科学人体工程学

随着第二次世界大战的结束，第二次世界大战中一些高性能武器的投入使用（如战斗机），使人为因素造成的事故急剧增加，这一情况引起了科学界特别是心理学界和生理学界的高度重视。人的因素影响了机器性能的发挥，只要求“人适应机器”是不够的。通过分析研究，他们逐步认识到，“人的因素”在设计中是不容忽视的一个重要条件；同时，要设计好一个高效能的装备，只有工程技术知识是不够的，还必须有生理学、心理学、人体测量学、生物力学等学科方面的知识。于是，人机关系的研究进入了一个新的阶段，即从“人适机”转入“机宜人”的阶段，科学人体工程学应运而生，人们提出了“使机器适应于人”的思想。

随着战争的结束，该学科的综合研究与应用逐渐从军事领域向非军事领域转变，并逐步应用军事领域中的研究成果来解决工业与工程设计中的问题，如飞机、汽车、机械设备、建筑设施以及生活用品等，但普通大众对其知之甚少。

在这一阶段，该学科的发展特点是：重视工业与工程设计中“人的因素”，力求使机器适应于人。

1.2.3 人体工程学的发展阶段——现代人体工程学

从20世纪60年代至今，可以称其为现代人体工程学的发展阶段。20世纪60年代以后，人体工程学的研究和实践从实验室和军事领域扩大到工业的各个领域，如计算机、汽车和消费品。企业开始重视运用人机工程技术去分析、设计和检验产品的宜人性，人体工程学也从生产领域扩展到了生活领域，影响到人们日常生活的方方面面，大众开始接受人体工程学思想及其观念。

20世纪80年代以后，科学技术飞速发展。电子计算机应用的普及、工程系统及其自动化程度的不断提高、宇航事业的空前发展、一系列新科学的迅速崛起，不仅为人体工程学注入了新的研究理论、方法和手段，而且也为人体工程学开辟了一系列新的研究领域。如宇航系统的设计问题、核电站等重要系统的可靠性问题、人一计算机界面设计问题等。人体工程学的目标这时并不局限于"机器适应于人"，在人机相互适应的目标下，人体工程学不仅仅关注人的安全、健康、效率，更加关注人的价值，关心人的满意度、舒适感、成就感等。

在这一阶段，学科的发展特点是:以人为中心，把人一机一环境系统作为一个统一的整体来研究，以创造最适合于人操作的机械设备和作业环境，使人一机一环境系统相协调，从而获得系统的最高整合效能。

随着艺术与科学的发展，平面构成的应用理论逐渐得到完善，而且已成为设计艺术的基础学科。我国在20世纪80年代初将构成体系（平面构成、色彩构成、立体构成）从国外引入，其基本理论广泛地应用于我国的造型艺术领域。但是，在发展的过程中，平面构成作为普及化的造型基础，成为公式化和教条化的模式，最近几年形式构成已经越来越简单并有了浅表化倾向，远离了作为训练人的视觉感知能力这个初衷了。平面设计应该重新明确其价值目标，从一个新的视角界定视觉思维训练的问题，重建视知觉训练框架来发展这种表现方法。

1.3 人体工程学的学科构成、研究内容及研究方法

1.3.1 人体工程学的学科构成

人机工程学是一门综合性的边缘科学，它属于系统工程学的一个分支。系统论、控制论、信息论是它的基本指导思想，其基础理论涉及许多学科。除与有关的技术工程学科有着密切的关系外，人机工程学还与人体解剖学、人体测量学、劳动卫生学、生理学、心理学（指的是工程心理学）、安全工程学、行为科学、环境科学、技术美学等有着密切的联系。人机工程学带有横向学科的性质，其应用范围十分广泛，从日常用品到工程建筑，从大型机具到高技术制品，从家庭活动到巨大的工业系统，各个方面都在运用人机工程学的原理和方法，解决人机之间的关系问题。

人机系统的构成，可以分为人、机、环境三个子系统。这三个子系统各自独立为一门科学，即人的科学、技术工程学及环境科学。这三个子系统中两两相互交叉，又构成三个系统，即人一机系统、人一环境系统、机一环境系统。这三个系统交叉则构成人—机—环境系统，如图1-3所示。

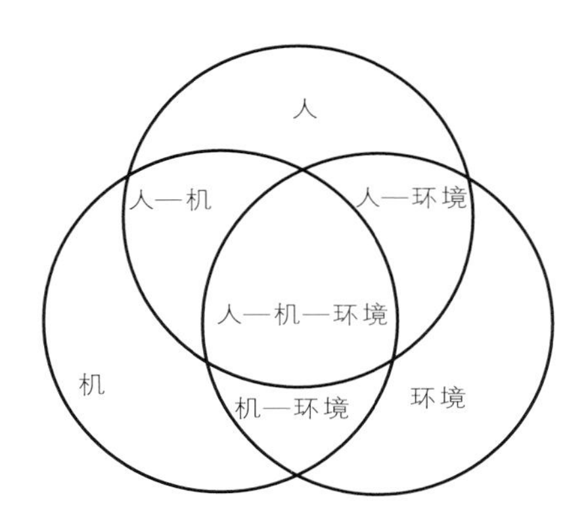

图1-3　人—机—环境系统中三个子系统示意图

因此，对人机工程学而言，既需要对人、机、环境的每个部分的属性进行深入研究，又需要对人机系统的整体结构及其属性进行研究，以达到总体优化的目的。

1.3.2　学科的研究内容

虽然人体工程学的内容和应用范围极其广泛，但其根本的研究方向却是通过揭示人—机—环境之间相互关系的学科，以达到人—机—环境系统总体性能的最优化。对设计师而言，从事本学科研究的主要内容包括以下几个方面。

(1) 人的因素研究

在人—机—环境系统中，人是最基础的因素，人的生理、心理特性和能力特征是整个系统的优化基础。人具有自然和社会两种属性，对自然人研究主要包括：人体形态特征参数、人的感知特性以及人在工作和生活中的心理特性等；对于社会人的研究包括：人在生活中的社会行为、价值观念、人文环境等。研究的目的是解决产品、设施、用具、作业、工作场所等的设计如何与人的生理、心理特征相适应，从而为使用者创造高效、安全、健康、舒适的工作条件。

(2)机器的因素研究

不同的研究对象涉及的因素各不相同，因此机器因素的研究范围很广，其研究内容可归纳为：建立机器的动力学、运动学模型，机器的特性对人、环境和系统性能的影响以及机器的防错纠错设计，机器的可靠性研究等。另外，还包括信息显示、操作控制、安全保障、有关机具的人体舒适性以及使用方便性的技术等。

(3)环境的因素研究

环境的概念十分广泛，包括生产环境、生活环境、室内环境、室外环境、自然环境、人工环境。环境因素又可以归纳为以下几个方面：

①作业空间——场地、厂房、设备布局、作业线布局、道路及交通、安全门等。

②物理环境——噪声、照明、温度、湿度、辐射、磁场等。

③化学环境——有毒物质、化学性有害气体等。

④美学环境——形态、色彩、背景音乐等。

(4)人—机—环境间关系及其系统的整体研究

人机关系是系统的主要研究内容，包括信息显示、操纵控制、人机界面等；人机系统的存在离不开环境，其功能受环境影响非常大，人与机相比，环境对人的影响会更明显，因而必须研究人与环境关系的因素；机器和环境相互作用，相互影响，机器与环境关系的因素也是必须研究的。

人一机一环境系统设计的目的就是创造最优的人机关系，最佳的整体系统工作效益，最舒适的工作环境，最佳的用户体验，当然也包括整个系统的可靠性与安全性等。

1.3.3 学科的研究方法

人体工程学多学科性、交叉性、边缘性的特点决定了其研究方法也具有多样性，既有沿袭相关学科的研究方法，也有适合本学科研究的一些独特新方法，以探讨人、机及环境要素间复杂的关系。这些方法具体包括：测量人体各部分静态和动态数据；调查、询问或直接观察人在作业时的行为和反应特征；对时间和动作的分析研究，测量人在作业前后以及作业过程中的心理状态和各种生理指标的动态变化；观察和分析作业过程和工艺流程中存在的问题；分析差错和意外事故的原因；进行模型实验或用电子计算机进行模拟实验；运用数字和统计学的方法找出各变数之间的相互关系，以便从中得出正确的结论或发展成有关理论。目前常用的人体工程学研究方法有以下几种。

(1) 资料分析法

资料研究是最基本的研究方法。不论研究哪类人机关系，首先都必须收集丰富的资料，再对有关资料进行整理、加工、分析和综合，在此基础上，找到系统的内涵规律性。

(2) 调查分析法

调查分析是人体工程学研究中最重要的方法之一，应用非常广泛，既通用于带有经验性的问题，也适用于各种心理量的统计。一般包括口头询问法、问卷调查法和跟踪显示观察法。口头询问法是通过与被调查人的谈话，评价被调查人对某一特定环境的反应，要求提问简明、用语准确、思路清晰。问卷调查法是事先设计好问卷，做到问题明确、填答方便、重点突出，以便被调查人能正确填答。跟踪观察法是通过直接观察和间接观察，记录自然环境中被调查者的行为表现、活动规律，然后进行分析。

（3）实测法

实测法是一种借助于仪器设备进行实际测量的方法。例如，对人体静态与动态参数的测量，对人体生理参数的测量或者是对系统参数、作业环境参数的测量等。

（4）实验法

实验法是当实测法受到限制时采用的一种研究方法，指在人为设计的环境中测试实验对象的行为或反应的一种研究方法。一般在实验室进行，也可在作业现场进行。参加实验的“人”可以是真人，也可用人体模型（如汽车防撞试验中的人体模型）。测试结果一般不宜直接用于生产实际，应用时需结合真人实验进行修正和补充，一般分为客观仪器测试和感官评价实验法两种。

（5）模拟和模型实验法

由于机器系统一般比较复杂，因而在进行人机系统研究时常采用模拟的方法。模拟方法包括各种技术和装置的模拟，如操作训练模拟器、机械模型以及各种人体模型等。通过这类模拟方法可以对某些操作系统进行逼真的试验，得到满足实验室研究的外推所需的更符合实际的数据。因为模拟器或模型通常比它所模拟的真实系统价格便宜得多，且又可以进行符合实际的研究，所以获得较多的应用。

（6）系统分析法

此方法体现了人体工程学将人—机—环境系统作为一个综合系统考虑的基本观点，它是在资料研究法基础上进行的一种研究方法。通常包括作业环境的分析、作业空间的分析、作业方法的分析、作业组织的分析、作业负荷的分析、信息输入及输出的分析等，其中采取的方法有瞬间操作分析法、知觉与运动信息分析法、动作负荷分析法、频率分析法、相关分析法等。

1.4 人体工程学与艺术设计的关系

虽然人体工程学发展的历史不长，但是在短短的几十年中已经得到了飞速发展。而在艺术设计中，随着以人为本的设计思想的进一步深入人心，设计师已逐步认识到，要想使设计能更好地为人类服务，就必须研究人的生理、心理以及行为特点，使设计出来的产品、设施等更好地与人的形体尺寸、生理结构、身心特点相匹配，只有这样的产品才能满足使用者的需求。

从设计所包含的内容来看，大至工业系统（如航天航空系统、核电站、自动化工厂、联合生产装置等），小到家庭活动（如居室布置、家具、卫生设备等），从一般机具（金属切削机床、汽车、拖拉机、起重设备以及手动工具等）到高科技产品（如电子计算机、机器人、传真机等），从日常用品（如自行车、摩托车、照相机、电视机、服装、文具、锅、碗、盆、盏等）到工程建筑（如城市规划、建筑设施、道路、桥梁、工业与民用建筑等）。总之，为人类各种生产和生活所创造的一切“物”，在设计与制造时，都必须运用人机工程设计的原理和方法，必须把“人的因素”作为一个重要的条件来考虑，以解决人机之间的关系，使其更好地适应人的要求。显然，在设计中研究和运用人体工程学的理论和方法对设计师来说是必备的能力要求。

人体工程学和艺术设计的关系概括起来如下:

一方面，艺术设计与人体工程学的共同之处在于，两者都是以人为核心，以人类社会的健康发展为终极目的。前者的任务是创造符合人类社会健康发展所需要的物品和设施，而后者则着重研究人、机、环境三者之间的关系。为解决这一系统中人的效能、健康、安全和舒适问题提供理论和方法，人体工程学给设计师提供了有关人和人机关系方面的理论知识和设计依据，通过对人体工程学的研究，设计师可以知道产品或设施的形状、尺寸及所使用的材料和人体健康的关系。

另一方面，艺术设计也反过来推动了人体工程学的发展。从20世纪30年代起，不少工业设计师就开始介入人体工程学领域的研究。他们研究人体尺度、动作范围等作为设计日用品和家具的依据。在家具设计方面，如德国设计师荷伯特•欧尔和茱塔•欧尔于1991年设计的“莫尼卡”椅，被其称作“调节坐姿的工具”，这种座椅可以提供给人们自由的坐姿，让脊椎和躯体处于自然的平衡状态，从而使身体各部位能最佳地完成其功能，消除背部、颈部、臀部和腿部的应力。

人体工程学的发展使设计逐步走向科学化，从而使艺术设计形式更少受到设计师自我意识的影响，设计师在设计过程中，更加关注对用户的研究，使设计真正为消费者服务。

1.5 人体工程学与人性化设计

以人为中心设计，必须正确对待人、面向人、适应人、支持人的行为，通过设计正确分配人机系统功能，使行为适应环境、社会，减少和避免对劳动者的过分要求，尊重人的能力限度。着眼于长远经济效益，使操作者（使用者）满意。人体工程学的人性化体现概括起来如下：

①以工具的"可用性"为设计目的，工具要适应人的生理能力、视听能力和身体尺寸，并在心理和情感上符合用户的满意度目标。

②保护使用者的安全健康，把设计思想和设计标准从机器技术中心论转向以人为中心的设计。

③减少造成人精神压力的紧张源，使人机界面的操作更符合人的行为习惯方式，改进设计中的隐性错误，同时增加界面的审美性，达到人与机器相互补充的目标。

④注意特殊人群的研究，老人、儿童和残疾人的用具符合其特点，特别是在公共交通、城市道路、公共生活设施当中进行无障碍化设计，并在设计中渗透人文属性。

⑤采用更为人性化的材料，以及高科技智能产品的开发等。

2 人体尺寸测量与设计应用

人体尺寸及其相关研究是人体工程学的重要理论基础，研究人体尺寸和尺度，有助于设计师在设计中使产品（或设施）适合人体形态、生理以及心理特征，让人能舒适、方便地使用产品（或设施）。为此，设计师必须知道人体部分外观形态特征及相关测量数据，其中包括人体高度、各部位长度、厚度、比例及活动范围。

2.1 人体测量

2.1.1 人体测量学概述

人体测量是通过测量人体各部位的尺寸来确定个体之间和群体之间在人体尺寸上的差别，用以研究人的形态特征，从而为工业设计、环境工程设计等提供人体测量数据资料。例如，在各种设施、设备的布局中，其位置必须安排在人肢体活动范围内，设备所需的操控力也应该符合人的肢体用力范围。设计师应用人体测量学的数据资料作为设计时的基本依据，并结合实际，才能真正满足相应群体的需求。

2.1.2 人体测量分类

人体的形态测量数据是产品、设备和空间设计的基本依据，通过人体测量可获取人体的静态尺寸和人体动态尺寸。在体力方面，设计者必须使操作施力保持在生理可承受的限度以内，因此还要对人体的生物力学参数和生理学参数进行测量。

（1）静态人体尺寸

静态人体尺寸是指被测者在静止地站着或坐着等姿势下进行的一种测量方式。静态测量的人体尺寸是工作区间的大小、家具、室内空间范围、产品界面等的设计依据。

静止的人体可采取不同的姿势，统称为静态姿势。主要可分为立姿、坐姿、跪姿和卧姿4种基本形态，每种基本姿势又可细分为各种姿势，总共23种。如立姿可分为跷足立、正立、前俯、躬腰、半蹲前俯5种；坐姿包括后靠、高身坐姿（座面高60 cm）、低身坐姿（座面高20 cm）、作业坐姿、休息坐姿和斜躺坐姿6种；跪姿可分为9种；卧姿分为3种。目前我国国家标准中规定的成年人静态测量项目立姿有40项，坐姿有20项。

（2）动态人体尺寸

动态人体尺寸测量是指被测者处于动作状态下所进行的人体尺寸测量。动态人体尺寸测量的重点是人在执行某种动作时的身体特征。动态人体尺寸测量的特点是，在任何一种身体活动中，身体各部位的动作并不是独立无关而是协调一致的，具有连贯性和活动性。例如，手臂可触及的范围并不是唯一由手臂的长度决定，它还受肩部运动、躯干的扭转、背部的屈曲以及操作本身特性的影响。由于人在工作中都处于相对的运动状态，因而我们难以用静态尺寸测量资料来解决设计中的相关问题。

动态人体尺寸分为四肢活动尺寸和身体移动尺寸两类：四肢活动尺寸是指人体在原姿势下只活动上肢或下肢，而身躯位置并没有变化，其中又可分为手的动作和脚的动作两种；身体移动包括姿势改换、行走和作业等。

（3）生物力学参数

生物力学参数主要是指人体各部分出力大小参数，如握力、拉力、提力、推力等。

（4）生理学参数

生理学参数主要是指人体表面积、体积、耗氧量等。

2.1.3 人体测量学中常用的专业术语

（1）测量姿势

①立姿。被测者挺胸直立，头部以眼耳平面定位，双目平视前方，肩部放松，上肢自然下垂，手伸直，手掌朝向体侧，手指轻贴大腿侧面，膝部自然伸直，左、右足后跟并拢，前端分开，使两足大致成45°夹角，体重均匀分布于两足。为确保立姿姿势

正确，被测者应使足后跟、臀部和后背部与同一铅垂面相接触。

②坐姿。被测者挺胸坐在被调节到腓骨高度的平面上，头部以眼耳平面定位，双目平视前方，左右大腿大致平行，膝大致屈成直角，足平放地面上，手轻放在大腿上。为确保坐姿正确，被测者的臀部、后背部应同时靠在同一铅垂面上。

无论采取何种姿势，身体都必须保持左右对称，由于呼吸而使测量值有变化的测量项目，应在呼吸平静时进行测量。

（2）测量基准面

人体测量的基准面主要有矢状面、冠状面和水平面，它们是由相互垂直的3个轴（铅垂轴、纵轴和横轴）来定位的，如图2-1所示。

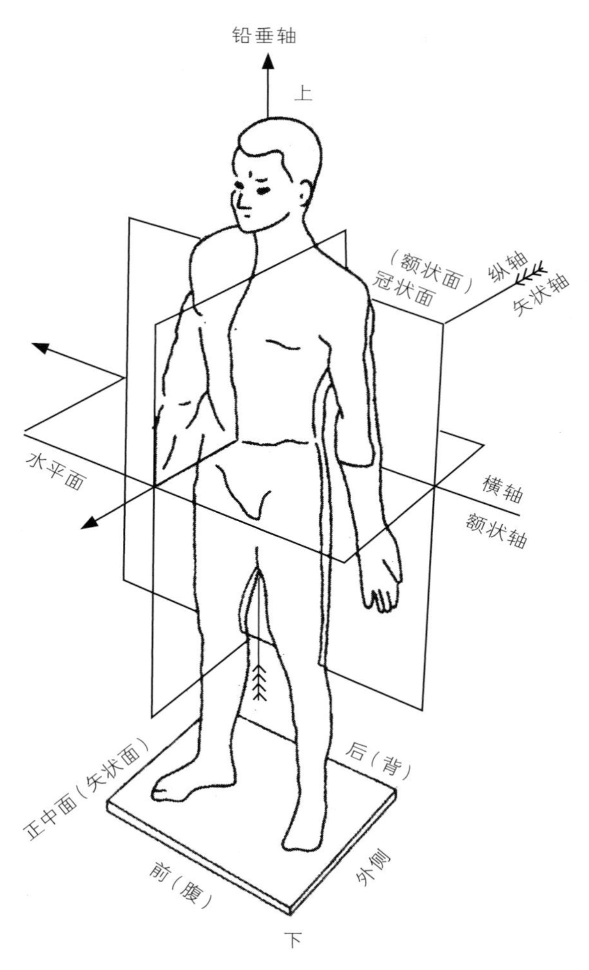

图2-1　人体测量的基准面和基准轴

①矢状面。通过垂直轴和纵轴的平面及其平行的所有平面都称为矢状面。在矢状面中，把通过人体正中线的矢状面称为正中矢状面。正中矢状面将人体分成左右对称的两个部分。

②冠状面（或额状面）。通过铅垂轴和纵轴的平面和与其平行的所有平面都为冠状面。冠状面将人体分成前、后两部分。

③水平面。与矢状面和冠状面同时垂直的所有平面都称为水平面。水平面将人体分成上、下两部分。

④眼耳平面。通过左、右耳屏点及右眼眶下点的水平面称为眼耳平面或法兰克福平面。

（3）测量基准轴

①铅垂轴。通过各关节中心并垂直于水平面的一切轴称为铅垂轴。

②纵轴（或矢状轴）。通过各关节中心并垂直于冠状面的一切轴称为纵轴。

③横轴（或额状轴）。通过各关节中心并垂直于矢状面的一切轴称为横轴。

2.1.4 人体测量方法

在人体尺寸参数的测量中，所采用的人体测量仪器有人体测高仪，人体测量用直脚规、人体测量用弯脚规、人体测量用三脚平行规、坐高仪、量足仪，角度计、软卷尺以及医用磅秤等。我国对人体尺寸测量专用仪器已制定了标准，而通用的人体测量仪器可采用一般的人体生理测量的有关仪器。

测量应在呼气与吸气的中间进行。其顺序为从头到脚；从身体的前面，经过侧面，再到后面。测量时只许轻触测点，不可压紧皮肤，以免影响测值的准确性。一般只测量左侧，特殊目的除外。

测量项目应根据实际需要确定，如确定座椅高度、深度和宽度尺寸，则需测定坐姿小腿加足高、臀部到膝胭的长度、臀宽，并对人的挺直和放松两种坐姿的尺寸进行测量，以便确定靠背的倾斜度。

2.1.5 人体测量数据的统计处理术语

（1）适应域

按某一尺寸设计的产品不可能适应所有的使用者，但应能适合大多数人。这个大多数到底是多少，要根据具体情况决定。一般说来，产品的尺寸最好能适合95%以上的人使用，最少不能低于90%。这个95%或90%即适应域。

(2) 百分位

百分位是人体测量手册中常见的概念，它表示某一测量数值和被测群体之间的百分比关系。分位由百分比表示，称为“第几百分位”，如50%称为第50百分位。百分位数是百分位对应的数值，如身高分布的第5百分位数为1 543 mm，则表示有5%的人的身高将低于这个高度。

(3) 正态分布

考察一个群体，可以发现人群的尺度是具有一定分布规律的，考察的群体越大，这个规律就越明显。人体尺度，符合正态分布规律。以中国男性身高的抽样分析数据为例，身高在170 cm左右的人最多。身高离这个数据越远的人数越少，形成一个中间大两头小的“钟”形曲线，这种分布规律叫作“正态分布”或“高斯分布”。

(4) 平均值、中值和众数

平均值表示全部被测数值的算术平均值。中值表示全部受测人数有一半的身高在这个数值以下，另一半在这个数值以上。众数则表示测得人数最多的那个身高尺寸。

(5) 标准差

平均值仅表示了被测数值集中于哪一点，标准差则反映了数值的集中和离散程度。在人体测量中，不仅要测得平均值，还要通过一定的数值处理得到标准差的数值。

2.2 常用人体尺寸参数

人体尺度一般是指人体所占有的三维空间，包括人体高度、宽度和胸廓前后径以及部分肢体的大小等。通常由直接测量的数据通过统计分析得到。

2.2.1 人体尺度的影响因素

(1) 年龄差异

人的体形随着年龄的增长而变化，最为显著的是儿童期和青年期，如图2-2所示。人体尺寸增长过程，一般男性20岁结束，女性18岁结束。通常男性15岁、女性13岁时，尺度就达到了一定的值。男性17岁、女性15岁时，脚的大小也基本定型。成年人身高随年龄的增长而收缩一些，但体重、肩宽、腹围、臀围、胸围却随年龄的增长而增加。

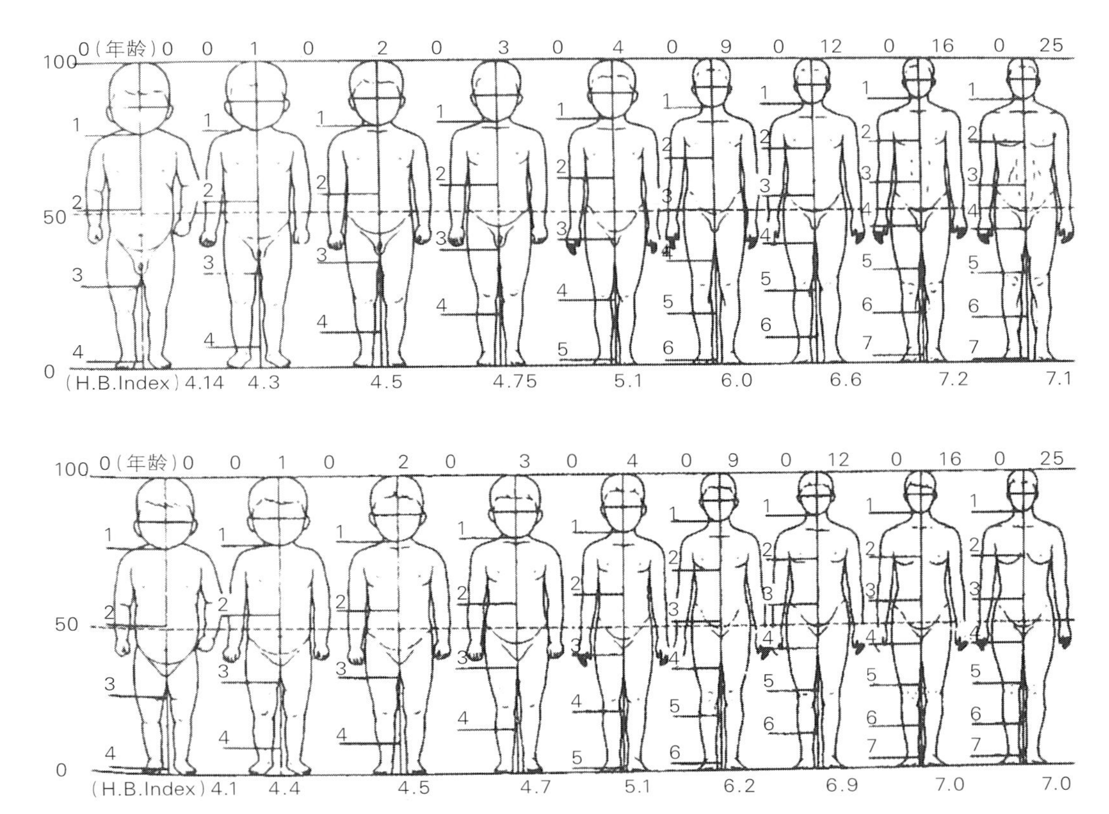

图2-2　人体不同年龄的身高比例，上为男性，下为女性

(2) 性别差异

在男性与女性之间，人体尺寸、重量和比例关系都有明显差异。对于大多数人体尺寸，男性都比女性大些，但有些尺寸，如胸厚、臀宽及大腿周长，女性比男性大。男女即使在身高相同的情况下，身体各部分的比例也是不同的。同整个身体相比，女性的手臂和腿较短，躯干和头占的比例较大，肩较窄，盆骨较宽。

(3) 年代差异

随着人类社会的不断发展，卫生、医疗、生活水平的提高以及体育运动的大力开展，人类的成长和发育也发生了变化。据调查，欧洲居民每隔10年身高增加1～1.4 cm。我国广州中山医学院男生1956—1979年23年平均身高增长4.38 cm，女性平均身高增长2.67 cm。身高的变化，势必带来其他形体尺寸的变化。

(4) 地域性差异

不同国家、地区、种族的人，由于遗传基因、饮食和气候环境的影响，使人们无论在体形还是身体各部分比例与尺寸上都有较大差异，即使是同一国家，不同区域也有差异。进行产品设计或工程设计时，应考虑不同国家、不同区域的人体尺寸差异。

(5) 职业差异

不同职业的人，在身体大小及比例上也存在着差异，如一般体力劳动者尺寸都比脑力劳动者稍大些。在我国，一般部门的工作人员要比体育运动系统的人矮小。也有一些人由于长期的职业活动改变了形体，使其某些身体特征与人们的平均值不同。因此，为特定的职业设计工具、用品和环境时必须予以特别注意。

另外，数据来源不同、测量方法不同、被测者是否有代表性等因素，也常常造成测量数据的差异。

2.2.2 常用成年人人体尺寸

(1) 我国成年人人体结构尺寸

我国成年人人体尺寸的国家标准GB 10000为人机上的设计提供了基础数据。该标准提供了7个类别共47项人体尺寸基础数据，包括人体主要尺寸、立姿人体尺寸、坐姿人体尺寸、人体水平尺寸、人体手部和足部尺寸，并分别按性别列表。我们主要研究工业生产中法定成年人（男18—60岁，女18—55岁）年龄范围内的人体尺寸。

①人体主要尺寸。国标GB 10000—1988给出身高、体重、上臂长、前臂长、大腿长、小腿长共6项人体主要尺寸数据，表2-1为我国成年人人体主要尺寸。

表2-1 我国成年人人体主要尺寸/mm

百分位数	男 (18—60岁)			女 (18—55岁)		
	5	50	95	5	50	95
1.身高	1 583	1 678	1 775	1 484	1 570	1 659
2.体重/kg	48	59	75	42	52	66
3.上臂长	289	313	338	262	284	308
4.前臂长	216	237	258	193	213	234
5.大腿长	428	465	505	402	438	476
6.小腿长	338	369	403	313	344	376

②立姿人体尺寸。该标准中提供的成年人立姿人体尺寸有眼高、肩高、肘高、手功能高、会阴高、胫骨点高，这6项立姿人体尺寸的部位如图2-3所示，我国成年人立姿人体尺寸见表2-2。

表2-2　我国成年人立姿人体尺寸/mm

百分位数	男（18—60岁）			女（18—55岁）		
	5	50	95	5	50	95
1.眼高	1 474	1 568	1 664	1 371	1 454	1 541
2.肩高	1 281	1 367	1 455	1 195	1 271	1 350
3.肘高	954	1 024	1 096	899	960	1 023
4.手功能高	680	741	801	650	704	757
5.会阴高	728	790	856	673	732	792
6.胫骨点高	409	444	481	377	410	444

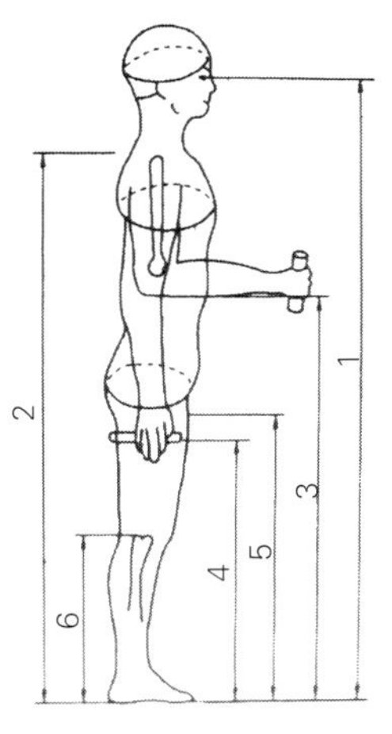

图2-3　立姿人体尺寸

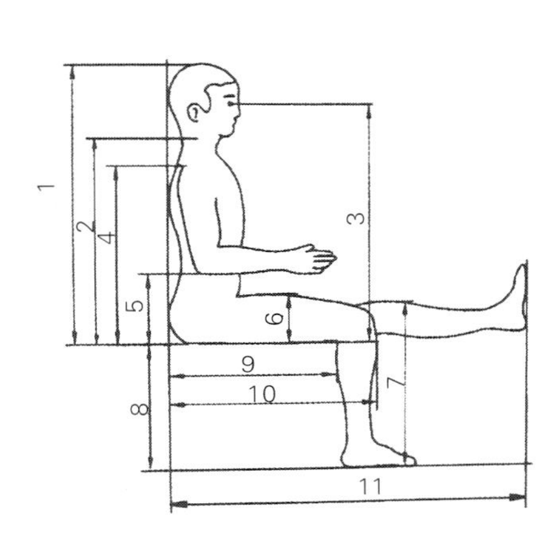

图2-4　坐姿人体尺寸

③坐姿人体尺寸。标准中的成年人坐姿人体尺寸包括：坐高、坐姿颈椎点高、坐姿眼高、坐姿肩高、坐姿肘高、坐姿大腿厚、坐姿膝高、小腿加足高、坐深、臀膝距、坐姿下肢长共11项，坐姿人体尺寸如图2-4所示，表2-3为我国成年人坐姿人体尺寸。

表2-3　我国成年人坐姿人体尺寸/mm

百分位数	男（18—60岁）			女（18—55岁）		
	5	50	95	5	50	95
1.坐高	858	908	958	809	855	901
2.坐姿颈椎点高	615	657	701	579	617	657
3.坐姿眼高	749	798	847	695	739	783
4.坐姿肩高	557	598	641	518	556	594
5.坐姿肘高	228	263	298	215	251	284
6.坐姿大腿厚	112	130	151	113	130	151
7.坐姿膝高	456	493	532	424	458	483
8.小腿加足高	383	413	448	342	382	405
9.坐深	421	457	494	401	433	469
10.臀膝距	515	554	595	495	529	570
11.坐姿下肢长	921	992	1 063	851	912	975

④人体水平尺寸。标准中提供的人体水平尺寸是指：胸宽、胸厚、肩宽、最大肩宽、臀宽、坐姿臀宽、坐姿两肘间宽、胸围、腰围、臀围共10项，其部位如图2-5所示，表2-4为我国成年人人体水平尺寸。

表2-4 我国成年人人体水平尺寸/mm

百分位数	男（18—60岁）			女（18—55岁）		
	5	50	95	5	50	95
1.胸宽	253	280	315	233	260	299
2.胸厚	186	212	245	170	199	239
3.肩宽	344	375	403	320	351	377
4.最大肩宽	398	431	469	363	397	438
5.臀宽	282	306	334	290	317	346
6.坐姿臀宽	295	321	355	310	344	382
7.坐姿两肘间宽	371	422	489	348	404	378
8.胸围	791	867	970	745	825	949
9.腰围	650	735	895	659	772	950
10.臀围	805	875	970	824	900	1 000

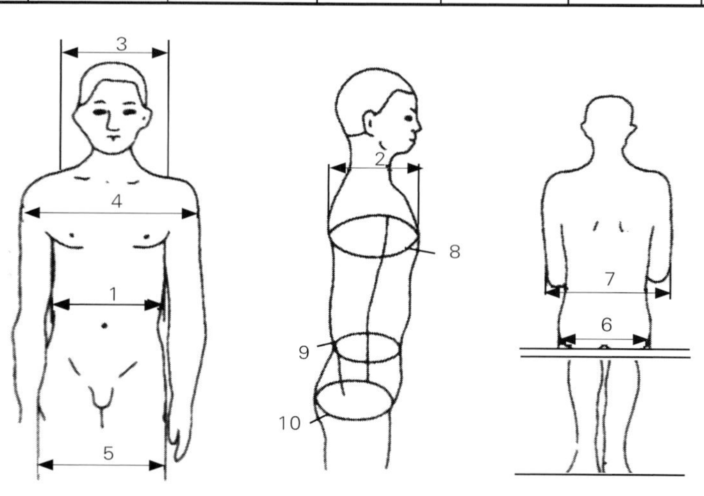

图2-5 人体水平尺寸

⑤选用GB 10000—1988中所列人体尺寸数据时，应注意以下要点：

A.表列数值均为裸体测量的结果，在用于设计时，应根据各地区不同的着衣量而增加余量。

B.立姿时要求自然挺胸直立，坐姿时要求端坐。如果用于其他立、坐姿的设计（如放松的坐姿），要进行适当的修正。

C.由于我国地域辽阔，不同地区间人体尺寸差异较大，在应用时要进行适当修正。

(2) 我国成年人人体功能尺寸

①人在工作位置上的活动空间尺度。人在各种工作时都需要有足够的活动空间。工作位置上的活动空间设计与人体的功能尺寸密切相关。由于活动空间应尽可能适应于绝大多数人的使用，设计时应以高百分位人体尺寸为依据，一般以我国成年男子第95百分位身高为基准。

常用工作姿势有站、坐、跪（如设备安装作业中的单腿跪）、卧（如车辆检修作业中的仰卧）等作业姿势，如图2-6至图2-9所示。

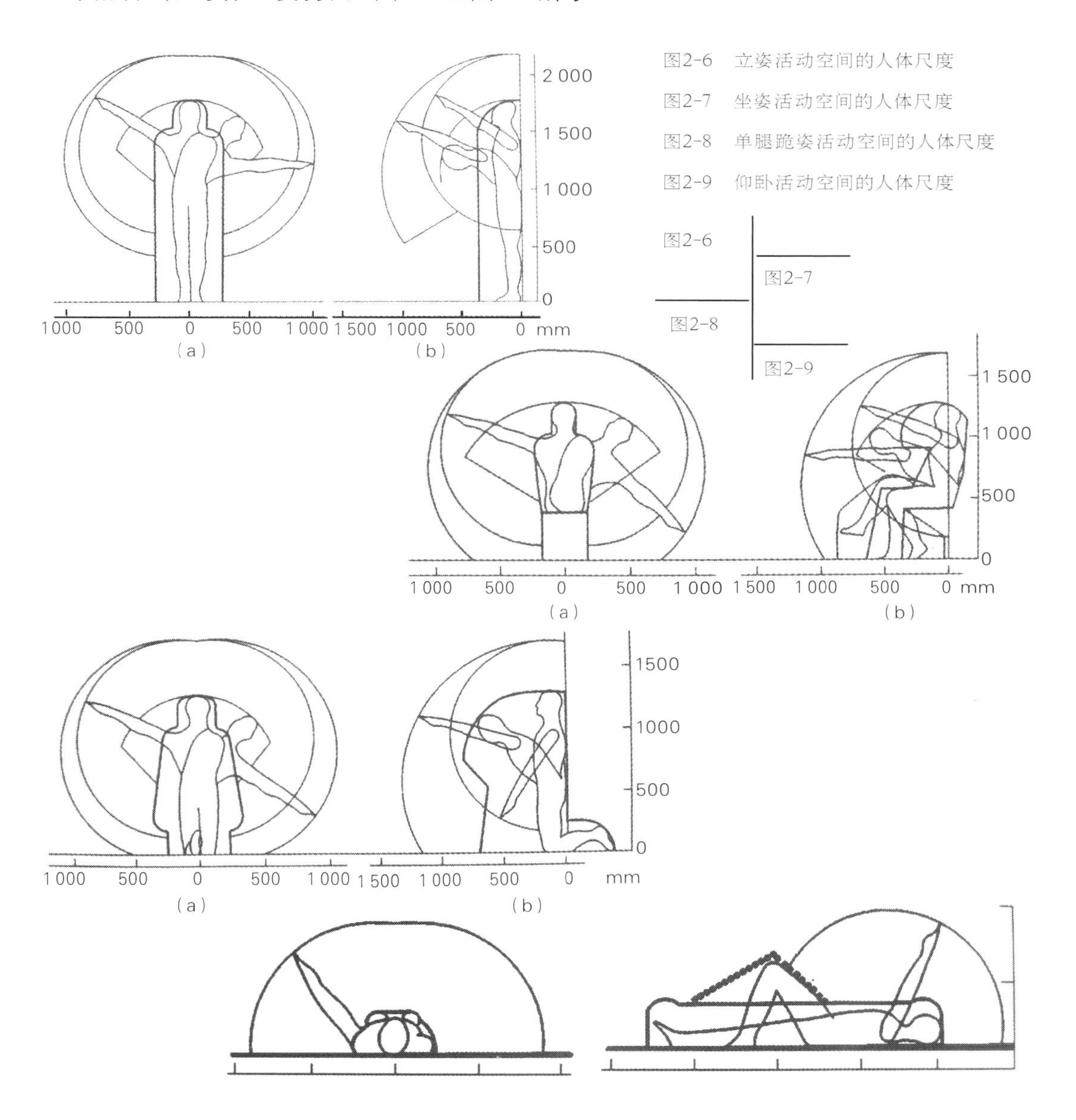

图2-6 立姿活动空间的人体尺度

图2-7 坐姿活动空间的人体尺度

图2-8 单腿跪姿活动空间的人体尺度

图2-9 仰卧活动空间的人体尺度

②常用的功能尺寸。常用的立、坐、跪、卧等作业姿势活动空间的人体尺度图，可满足人体一般作业空间概略设计的需要。但对于受限作业空间的设计，则需要应用各种作业姿势下人体功能尺寸测量数据。GB／T 13547—1992标准提供了我国成年人立、坐、跪、卧等常取姿势功能尺寸数据，可归纳为表2-5。

表2-5 我国成年人上肢功能尺寸/mm

测量项目＼百分位		男（18—60岁）			女（18—55岁）		
		5	50	95	5	50	95
立姿	双手上举高	1 971	2 108	2 245	1 845	1 968	2 089
	双手功能上举高	1 869	2 003	2 138	1 741	1 860	1 976
	双手左右平展高	1 579	1 691	1 802	1 457	1 559	1 659
	双臂功能平展高	1 374	1 483	1 593	1 248	1 344	1 438
	双肘平展高	816	875	936	756	811	869
坐姿	前臂手前伸长	416	447	478	383	413	442
	前臂手功能前伸长	310	343	376	277	306	333
	上肢前伸长	777	834	892	712	764	818
	上肢功能前伸长	673	730	789	607	657	707
	双手上举高	1 249	1 339	1 426	1 173	1 251	1 328
跪姿	体长	592	626	661	553	587	624
	体高	1 190	1 260	1 330	1 137	1 196	1 258
俯卧	体长	2 000	2 127	2 257	1 867	1982	2 102
	体高	364	372	383	359	369	384
爬姿	体长	1 247	1 315	1 384	1 183	1 239	1 296
	体高	761	798	836	694	738	783

2.2.3 人体主要尺寸参数计算

在实际设计活动中，我们往往无条件去测量所需要的人体数据，或者为了简化人体测量的过程，可根据人体身高、体重等基本数据参数，利用经验公式计算出所需要的其他各部分数据。

（1）人体各部分尺寸与身高的相关计算

正常成年人人体各部分尺寸之间存在一定的比例关系，因而按正常人体结构关系，以站立平均身高为基数来推算各部分的结构尺寸是比较符合实际情况的。而且，人体的身高是随着生活水平、健康水平等条件的提高而有所增长，如以平均身高为基数的推算公式来计算各部分的结构尺寸，在进行实际应用时要考虑年代因素差异，适当修正，因此应用也很灵活。

根据GB 10000—1988《中国成年人人体尺寸》给定的人体尺寸数据的均值，推算出我国成年人人体各部分尺寸与身高的比例关系，如图2-10所示。

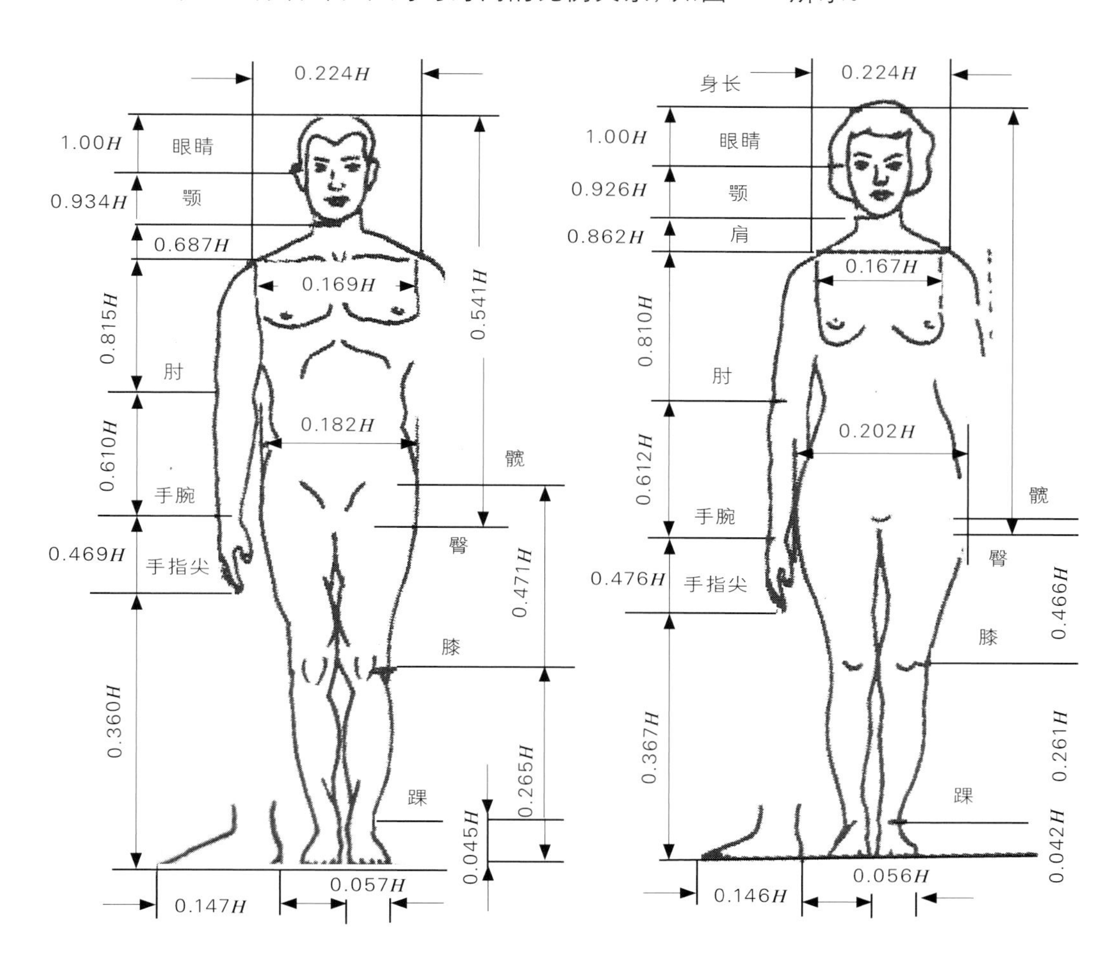

图2-10 我国成年人人体尺寸比例关系

(2) 生活用具及设施高度与身高的相关计算

生活用具、机械设备及建筑设施必须适合于人的尺度，才能舒适和高效。因此，各种工作面的高度和设备高度，如操作台、仪表盘、操纵件的安装高度以及用具的设置高度等，都应根据人的身高来确定。可利用图2-11和表2-6来推算工作面、设备以及用具的高度。

图2-11　以身高为基准的设备和用具尺寸推算图

表2-6　设备及用具高度与身高的关系

序 号	定　义	设备高与身高
1	举手可达高度	4/3
2	可随意取放东西的搁板高度（上限值）	7/6
3	倾斜地面的顶棚高度（最小值，地面倾斜角5°～10°）	8/7
4	楼梯的顶棚高度（最小值，地面倾斜角25°～35°）	1/1
5	遮挡住直立姿势视线的隔板高度（下限值）	33/34
6	直立姿势眼高	11/12
7	抽屉高度（上限值）	10/11
8	使用方便的隔板高度（上限值）	6/7
9	斜坡大的楼梯的天棚高度（最小值，倾斜角50°左右）	3/4
10	能发挥最大拉力的高度	3/5
11	人体重心高度	5/9
12	坐高	6/11
13	灶台高度	10/19
14	洗脸盆高度	4/9
15	办公桌高度（不包括鞋的厚度）	7/17
16	垂直踏踩爬梯的空间尺寸（最小值，倾斜角80°～90°）	2/5
17	使用方便的隔板高度（下限值）	3/8
18	桌下空间（高度的最小值）	1/3
19	工作椅高度	3/13
20	轻度工作的工作椅高度	3/14
21	小憩用椅子的高度	3/16
22	桌椅高度差	3/17
23	休息用椅子高度	1/6
24	椅子扶手高度	2/13
25	工作椅面至靠背点的高度	3/20

(3) 体重与身高的相关计算

一般人的体重与身高之间存在下列关系：

正常体重　$W_2=H-110$ (kg)

理想体重　$W_L=H-100$ (kg)

如果人的体重经常低于或高于正常体重的10%以上，都属于不正常状态。

(4) 人体体积和体表面积的计算

当体重在50～100 kg时，可根据体重、身高按下列公式求得人体体积和体表面积。

①人体体积计算：$V=1.015W-4.937$

式中：V是人体体积(m^3)；W是人体体重(kg)。

②人体体表面积计算。

a. 由身高来计算：男性$B=100H$；女性$B=77H$

式中：B是人体体表面积(cm^2)；H是身高(cm)。

b.由身高和体重计算人体体表面积：$B=0.0061H+0.0128W-0.1529$

式中：B是人体体表面积(cm^2)；体重(kg)；H是身高(cm)。

2.3 人体测量知识应用

人体测量数据可用于指导工程和产品设计，也可以作为评估上述各项的依据。人体尺寸参数在设计中的应用是一个极其重要而又复杂的问题，它关系到所设计的机器、设备等的适用性，操作便捷性、准确性及舒适性等。只有在熟悉人体测量基本知识之后，才能选择和应用各种人体数据，否则有的数据可能被误解，如果使用不当，还可能导致严重的设计错误。另外，各种统计数据不能作为设计中的唯一依据，也不能代替严谨的设计分析。因此，当设计中涉及人体尺度时，设计者必须熟悉数据测量定义、适用条件、百分位数选择等方面的知识，唯有如此，才能正确地应用有关的数据。

2.3.1 人体测量数据的应用

(1) 应用人体尺寸数据的基本原则

人体尺寸大小是各不相同的，而且某种设计一般不可能满足所有使用者，但为了使该设计适合于较多的使用者，就需要根据产品的功能及使用情况应用人体尺寸数据，我们一般按下列原则来进行：

①极端原则。该原则根据设计目的，选择极大尺寸或极小尺寸。例如，可容性的设计对象，如门、船舱口、通道、床等的尺度要用极大尺寸（95%或99%百分位）；而可触性的设计对象，如控制器与操作者的距离等则要用极小尺寸（5%百分位）。

②可调原则。对于与健康、安全关系密切的设计要使用可调节性原则，即所选用的尺寸应在第5百分位和第95百分位之间可调，如工作座椅必须在高度、靠背倾角等尺度方向可调节。

③平均原则。虽然“平均值”这个概念在设计中不太合适，但如商店柜台高度、门把手高度等常用平均值进行设计，即以50%百分位数值为设计依据。

为使设计满足上述原则，必须合理选用百分位。通常选用百分位的原则是，在不涉及使用者健康和安全时，一般选用第5百分位或第95百分位作为界限值较为合适，以便简化加工制造、降低成本。但当身体尺寸在界限以外的人使用时对其健康造成影响或增加事故危险时，其尺寸界限则应扩大到第1百分位或第99百分位，从而保证几乎所有人使用方便、安全，如紧急出口、逃生通道应以第99百分位数值作为依据，而使用者与紧急制动杆的距离则应以第1百分位数值作为依据。

（2）应用人体尺寸数据时的注意事项

①了解分析使用者或操作者的情况。设计的任何产品都是针对一定的使用群体，因此，在设计时必须分析使用者的特征，包括性别、年龄、种族、体型、身体健康状况等。

②选择合适的人体尺寸百分位数。在具体产品或设施设计上，首先对其性质进行分析，对整个人体或人体局部部位需要空间包容的设计，我们称其为可容性设计，如设计对象为车厢、通道等，此时应以大个子作为设计标准，选取较高的百分位；对于那些伸出四肢方可能及的设计对象，我们称之为可触性设计，如公共汽车内的扶手、控制台上的操作等，要考虑小个子的人够得着，设计时要选取较小的百分位；上述两方面均有要求的设计对象，设计对象对最大和最小尺寸均有要求，如汽车内室的设计，既要满足身材高大的人可以舒适地乘坐，又要保证身材矮小的人也能自如地操纵和观察。在设计中要同时照顾到这两方面的要求，可将其设计成可调节的，以较小的百分位和较大的百分位作为调节范围的两极尺寸。

③确定心理尺寸修正量。为了克服人们心理上产生的“空间压抑感”“高度恐惧感”等心理感受，或者为了满足人们“求新”“求美”“求奇”等心理需求，一般在产品功能尺寸上附加一定的增量，称为心理修正量。

④确定功能尺寸修正量。大部分人体尺寸数据是裸体或是穿背心、内衣、内裤时静态测量的结果。设计人员选用数据时，必须在所测的人体尺寸上增加适当的着装修正量；通常所测得的静态人体尺寸数据，虽然可解决很多产品、设施和环境设计中的问题，但由于人在操作过程中姿势和体位经常变化调整，静态测得的尺寸数据会出现较大误差，设计时需用动态测得的尺寸数据加以适当调整。

此外，在确定作业空间的尺寸范围时，不仅与人体静态测量数据有关，同时也与人体活动范围及作业方式方法有关。如手动控制器最大高度应使第5百分位数身体尺寸的人直立时能触摸到，而最低高度应适合第95百分位数的人的高度，以保证大多数操作者能舒适、安全地使用。

2.3.2 人体模板与应用

由于人体各部位的尺寸因人而异，而且人体的工作姿势随着作业对象和工作情况的不同而不断变化，因而要从理论上来解决人机相关位置的问题是比较困难的。但是，若利用人体结构和尺度关系，将人体尺度用各种模拟人来代替，通过“机”与人体模型相关位置的分析，便可以直观地求出人机相对位置的有关设计参数，为合理布置人机系统提供可靠条件。

（1）人体模板种类与特点

目前，在人机系统设计中采用较多的是两种类型的人体模板：一是二维人体模板，这种人体模板是根据人体测量数据进行处理和选择而得到的标准人体尺寸，利用塑料板或密实纤维板等材料，按照1:1，1:5等设计中的常用比例，制成的人体各个关节均可活动的裸体穿鞋的人体侧视模型；还有一种是三维人体模板，三维人体模板又有实物模型和计算机模拟模型之分。实物模型应用十分广泛，如三维立体裁剪的各种服装人台、汽车碰撞试验中的假人等。计算机模拟三维人体由于是虚拟人体的几何模型和生物力学模型，不需要制作实物，因此既经济又快速，如飞机驾驶系统的计算机辅助模型等。

下面主要介绍二维人体模板。

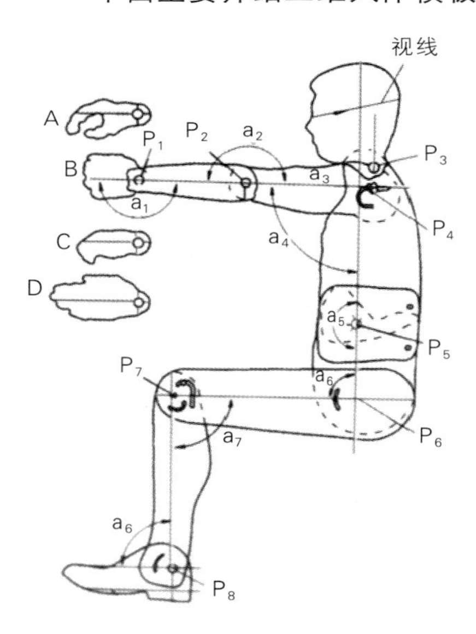

图2-12　坐姿人体模板侧视图

①坐姿人体模板。GB／T 14779—1993标准规定了三种身高等级的成年人坐姿模板的功能设计基本条件、功能尺寸、关节功能活动角度、设计图和使用条件。图2-12是该标准提供的坐姿人体模板侧视图。

②立姿人体模板。GB／T 15759—1995标准提供了设计用人体外形模板的尺寸数据及其图形，如图2-13所示。该模板按人体身高尺寸不同分为四个等级：

一级采用女子5百分位身高；二级采用女子50百分位与男子5百分位身高的重叠值；三级采用女子95百分位与男子50百分位身高的重叠

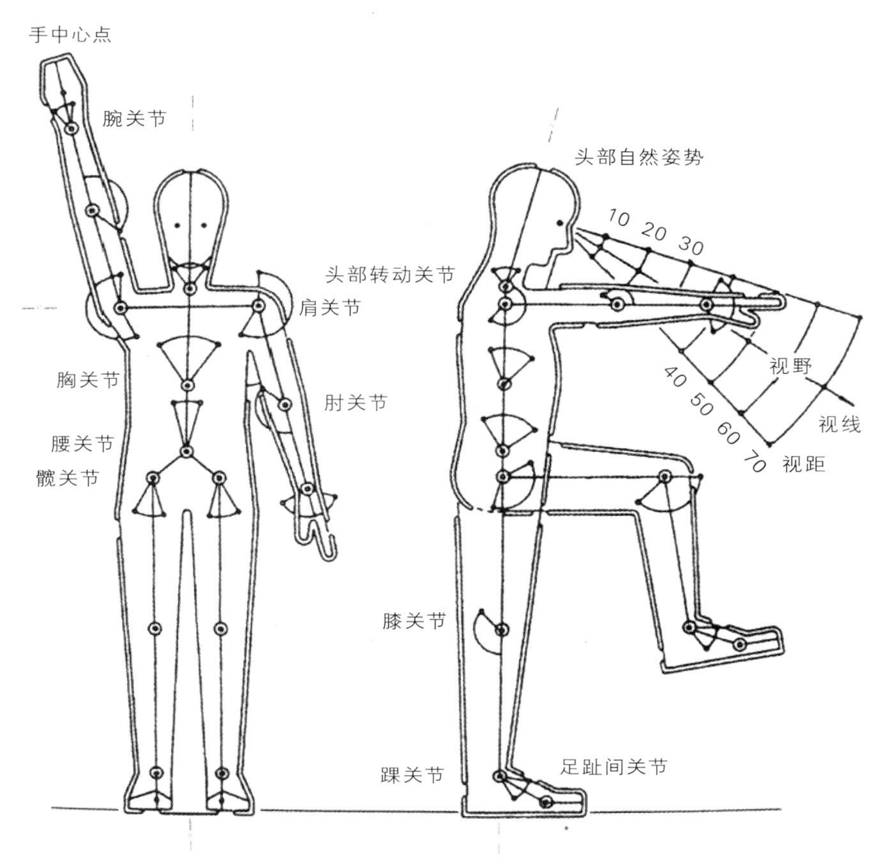

图2-13　立姿人体模板

值；四级采用男子95百分位身高。

（2）人体模板的应用

人体模板应用范围十分广泛，主要可用于辅助设计、辅助演示或模拟测试等方面。在人机系统设计时，人体模板是设计人员考虑主要人体尺寸时有用的辅助手段。例如，生产区域中工作台面的高度、坐平面高度和脚踏板高度是在一个工作系统中互相关联的数值，但主要是由人体尺寸和操作姿势决定的。如借助于人体模板，可以很方便地得出在理想操作姿势下各种百分位的人体尺寸所必须占有的范围和调节范围，如图2-14所示。

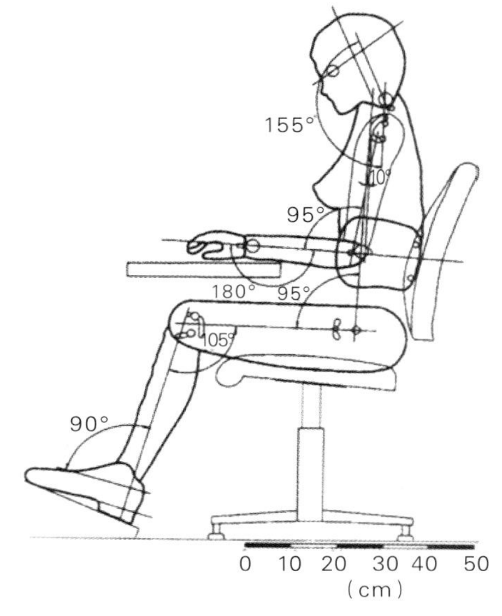

图2-14　人体模板用于工作系统的设计

在汽车、轮船、火车、飞机等交通运输设备设计中，驾驶室或驾驶舱、驾驶座以及乘客座椅等相关尺寸，也是由人体尺寸及其操作姿势或舒适的坐姿确定的。但是，由于相关尺寸非常复杂，人与“机”的相对位置要求又十分严格，为了使设计能更好地符合于人的生理、心理要求，在设计中，可以采用人体模板来校核有关驾驶室空间尺寸、乘客放松坐姿时的空间尺寸、方向盘等操纵机构的位置、显示仪表的布置等是否符合人体尺寸与操作姿势的要求，图2-15是用人体模板校核小汽车驾驶室设计的实例。

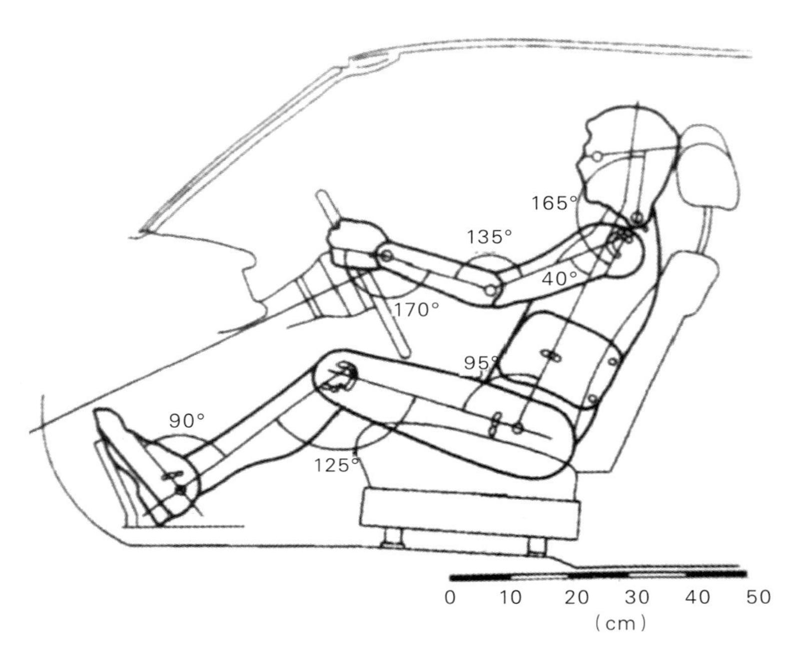

图2-15　人体模板用于小汽车设计

3 人体运动系统

人类改造世界的实施手段要靠人的运动。人的运动系统使人完成各种动作、生活和从事生产活动。虽然自动化技术和计算机技术在不断发展，但仍然有大量的工作行为需要身体的力量，如操纵机器设备等。人的运动系统由肌肉、骨骼和关节三部分组成，它们各自发挥着不同的作用：骨是运动的杠杆，关节是运动的枢纽，肌肉是运动的动力。三者在神经系统的支配和调节下协调一致，共同准确地完成各种动作。

人体所有的功能活动（如学习、工作、休闲）都离不开运动系统的参与，这个系统由骨、关节和肌肉三种器官组成，其占据人自身体重的60%。

3.1 肌肉生理特征

3.1.1 肌肉分类及其运动特征

人体的肌肉依据其形状构造、分布和功能特点可分为三种类型。第一类是骨骼肌，通过肌腱与骨骼相连。骨骼肌的收缩性较强，其运动受神经系统支配。人体运动主要与骨骼肌有关，但用力不能持久。此外，人体肌肉还有平滑肌、心肌两种。人体工程学研究的主要是骨骼肌，人体骨骼肌共有四百多块，约占成年男性体重的40%、女性体重的35%，分布在身体的各个部位。肌肉由肌纤维组成，其长度以肌肉大小不同而不同，如图3-1所示。

肌肉运动的基本特征是肌肉收缩与放松。肌肉收缩产生肌力，肌力的大小受很多因素的影响，比如单个肌纤维的收缩力大小、肌肉中肌纤维的数量、肌肉收缩前的初长度、肌肉对骨骼发生作用的机械条件等。肌肉收缩距离大，做功多，产生的肌力就大。

3.1.2 肌肉施力

(1) 肌肉施力分类

无论是人体自身的平衡稳定或人体的运动，都离不开肌肉的机能。肌肉的机能是收缩和产生肌力，肌力可以作用于骨，通过人体结构再作用于其他物体上，称为肌肉施力。肌肉施力有两种方式：一种是动态肌肉施力，就是肌肉运动时收缩和舒张交

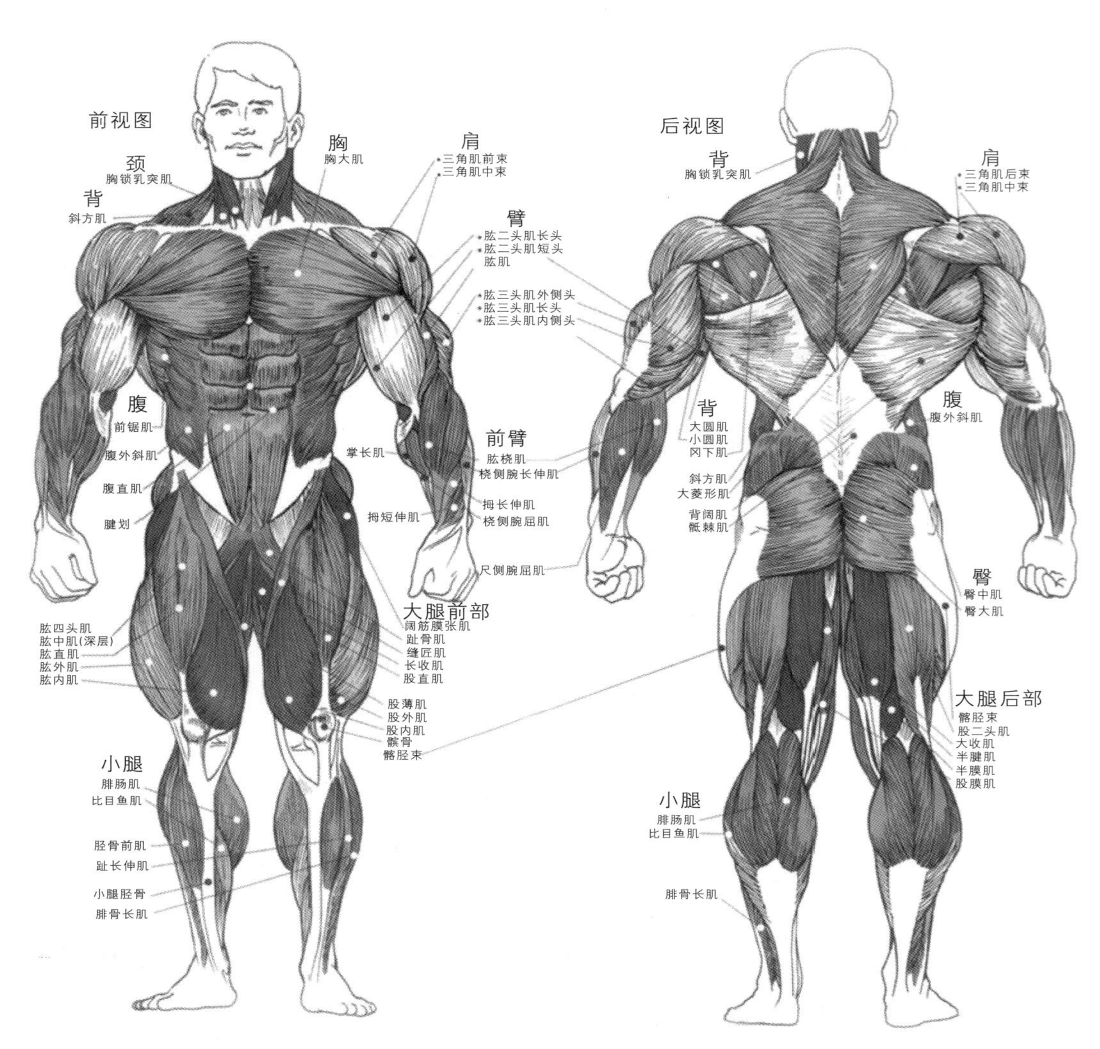

图3-1 人体肌肉示意图

替进行；另一种是静态肌肉施力，它是肌肉保持收缩状态的运动方式。

这两种施力方式对人体血液循环的影响各不相同，正常的血液循环能保证人体所需的物质能量和代谢物的传输。动态施力时，血液随着肌肉的舒张和收缩进入和压出肌肉，物质能量和代谢物都能顺利进入和排除肌肉，血液的输送量可以达到肌肉放松时的几倍，甚至可以达到静态时的10倍以上，在这样的运动作业中只要把握好节奏，其作业可以持续较长时间而不会疲劳。而静态施力时，收缩的肌肉压迫血管，阻止血液进入肌肉，由于缺乏物质能量、代谢物不能正常排出而引起肌肉疲劳。

在我们的日常生活中，人体作业姿势主要有坐姿和立姿两种，在这两种姿势中都有部分肌肉存在静态施力，只是程度大小不同而已。比如人在立姿时，由于骨骼要支

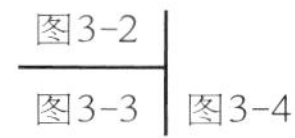

图3-2　警察立姿，长时间静态施力会消耗较大体力
图3-3　学生坐姿书写，也会产生静态施力
图3-4　手提书包、单肩背、双肩背三种方式相比较，静态施力的耗能越来越大

撑自身的重量，肌肉没有完全放松，从颈部、胸部、腰部、臀部到腿部，就有许多块肌肉在长时间静态施力或受力，如图3-2所示。其实在我们所有的职业活动中都有不同程度的静态施力，如伏案书写、弯腰取物等。因为静态施力的作业方式比较“费力”，虽然它不能绝对避免，但其大小程度对工作效率、人体健康影响较大，因此我们在设计时应该处理好静态施力的问题，如图3-3所示。

(2) 静态施力的生理影响

在静态作业的情况下，人体会产生一些相应的生理变化，与动态施力相比较，静态施力会造成能量消耗加大、肌肉酸痛、心率加快和恢复期延长等生理现象。造成这些现象的主要原因是供氧不足，糖的代谢无法释放足够的能量以合成高能的磷酸化合物；其次是肌肉内累积了大量的乳酸，需要更多的氧气进行氧化。据研究发现，学生手提书包比背书包要多消耗一倍多的能量，这主要是由于手臂、肩和躯干部分静态施力引起的，如图3-4所示。

长时间受静态施力会诱发一些疼痛性疾病，这些病症主要分轻重两类：一类是较容易恢复的劳累性疼痛，一般位于肌肉和肌腱，疼痛时间较短；另一类的疼痛部位位于关节，其身体内的一些组织已发生病变，会产生一些如长期疼痛、活动不便等严重的后果。如椎间盘疾病的诱因主要是由于长期处于某一工作体位不变，导致局部的肌肉静态施力过大而引起的；一些需要长期重复动作的职业如货物搬运或需要长时间电脑操作的行业等，都会引发腱鞘炎等疾病。

（3）静态施力极限

根据研究，静态施力时，肌肉供血受阻的大小与肌肉产生的力成正比。当用力大小达到最大肌力的60%时，血液输送几乎完全中断。在用力是最大肌力的15%～20%时，血液循环保持正常，在这样的情况下，即使是静态肌力，也可以维持一段时间；在用力是最大肌力的50%时，肌肉收缩的时间最长只能维持一分钟。因此，在设计作业动作时，应该尽量减少静态肌力的产生，且肌肉施力应小于该肌肉最大肌力的15%。

研究发现，不同人群肌力大小有较大区别：女性各种肌力均小于男性。其中左、右手握力及臂提举力，肩提举力，腰拉力女性占男性比例分别为50.6%、54.0%、49.60%、54.8%、46.40%。年龄区别上，各种肌力以40岁组较高。职业区别上，男性工人、学生肌力略高于行政人员，而女性工人高于学生。

不同的人种在肌力上也有很大的区别：有资料表明，体重为59～63 kg的美国男性握力、臂提举力、肩提举力和腰拉力的平均值分别为44 kg、34 kg、44 kg、105 kg；而体重为50～54 kg的美国女性则分别为26 kg、18 kg、26 kg、59 kg。我们发现，中国男性的肌力约为美国男性的95.5%（左手计）、78.8%、76.8%和84.4%：中国女性的肌力约为美国女性的81.9%（左手计）、73.9%、71.2%和69.7%。以职业分，中国男性产业工人的握力、臂提举力、肩提举力和腰拉力分别是美国产业工人的85.3%、66.2%、56.1%和82.6%；女性约为74.3%、66.7%、66.9%和65%。男性大学生的握力、臂提举力、肩提举力和腰拉力分别是美国男性大学生的96.8%、80.5%、77.6%和88.8%；女性大学生分别是美国女性大学生的72.9%、72.5%、74.9%和72.2%。显然，中国人的静态肌力明显低于美国人，特别是臂提举力、肩提举力和腰拉力。

（4）减少静态施力的常见设计方法

不管人体采用哪种工作姿势，静态施力在很大程度上是无法避免的，但我们可以通过合理的设计手段来减少静态施力。最常用的就是要避免“不自然”的身体姿势，如传统老式键盘在使用中要求人手腕部采取“扭曲”的姿势，用不了多长时间就会感觉手臂麻木，长期使用者患腱鞘炎疾病的概率非常高，如图3-5所示。新式分体键盘在中间一分为二，每部分的键位都倾斜一定角度，以保持手腕部的顺直自然。因为这样的设计减少了静态肌力的产生，所以长时间使用也不容易感到疲劳，如图3-6所示。又如新式的工业遥控器采用背带式的携带方式、操纵杆的倾斜布局，这些都是减少静态施力的成功设计，如图3-7所示。

在我们生活的环境里，台面设备比较常见，而这些台面的高度对静态施力影响较大。一般来说，立姿作业的台面高度应该低于人立姿肘部高度的5～10 cm，人肘部高度约为其身高的63%；坐姿作业台面高度应该和人坐姿时的肘部高度持平。不管你是坐姿还是站姿，如果你从事的是精密操作，如珠宝加工、手工绘图等工种，作业台面都应该高于肘部，以保证作业者无须向前弯下腰或脖子就能看清楚，如图3-8所示。当作业者需施较大力或做很大动作的重体力活时，作业台面高度应低于正常台面的高度，但不能过低，以确保作业台面下的膝部或腿部有足够的空间。

另外，作业台面倾斜度对静态施力影响也较大。采用倾斜的作业台面能改善作业身体姿势，颈部弯曲变少，从而能减轻工作疲劳和不适。研究表明，坐姿时头的前倾角度17°～29°，立姿时8°～22°是较舒适的范围。在操控键或物件的放置定位时，要把使用频率较高的安放在距身体较近的位置，越大越离身体近，以减少静态施力，如图3-9所示。

综上所述，减少静态施力的设计要点概括如下：

A.避免弯腰或其他不自然的身体姿势，身体和头向两侧静态施力危害会更大；

B.避免抬手过高造成降低操作精度和影响人发挥技能的姿势；

C.坐着比站着工作好，工作椅应使操作者易改变坐、站姿势；

D.双手操作应相反或对称，有益于神经控制；

E.当手不得不在较高位置时应使用支撑物。

3.2 骨与关节运动

人体在神经系统的支配下，通过肌肉、关节和骨骼的协调配合，能进行不同难度的运动，如跑步、打太极拳和跳舞等。

图3-5　传统老式键盘，手腕弯曲不自然

图3-6　新式键盘，手腕顺直自然

图3-7　新式工业遥控器，背带式的携带方式更省力，操纵杆的倾斜布局，操作更自然

图3-8　绘图桌台面较高，以保证绘图者无须向前弯下腰或脖子就能看清楚图纸信息

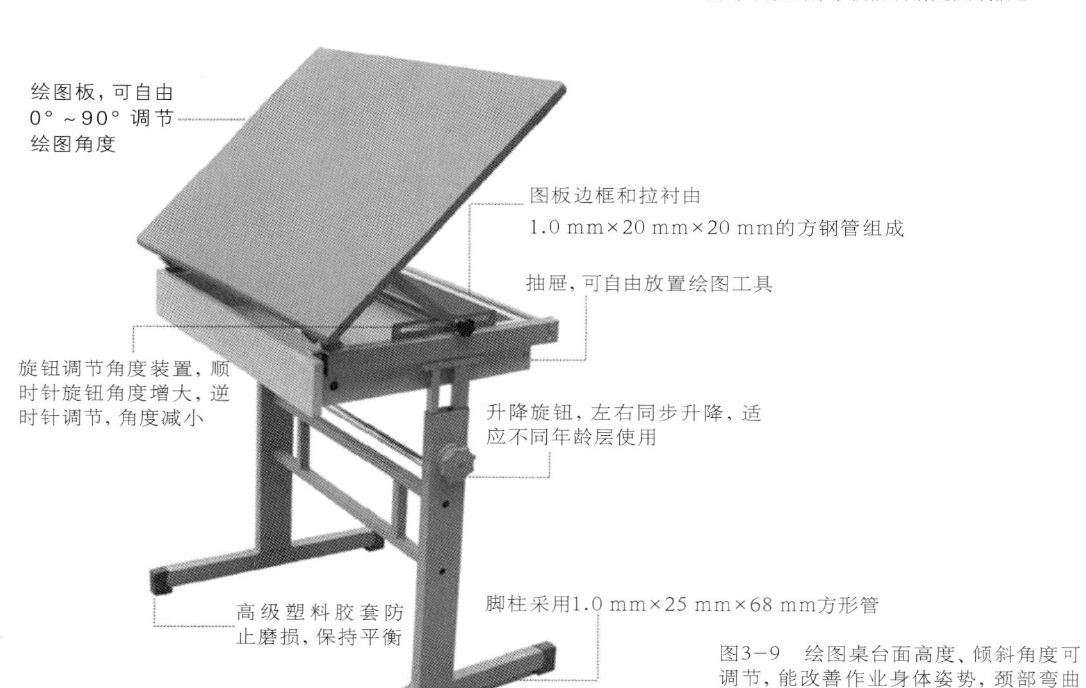

图3-9　绘图桌台面高度、倾斜角度可调节，能改善作业身体姿势，颈部弯曲变少，从而能减轻工作疲劳和不适

3.2.1 骨的功能

骨是体内坚硬而有生命力的器官。人体共有206块骨，可分为躯干骨、上肢骨、下肢骨和颅骨4部分，其占人体自重的1/10～1/5，如图3-10所示。每块骨都有一定的形态、结构、功能、位置及其本身的神经和血管。骨的复杂形态是由骨所负担的功能多样性决定的，骨的主要功能有以下几个方面：

①骨与骨通过关节连接成骨骼，构成人体支架，支撑人体的软组织（如肌肉、内部器官），与肌肉共同维持人体的外形；

②骨构成体腔的壁，如颅腔、胸腔、腹腔与盆腔等，以保护其内脏器官，并协助内脏器官活动；

③骨的肌肉收缩，牵动骨且绕关节运动，使人体形成各种活动姿势和操作动作，骨成了人体运动的杠杆。

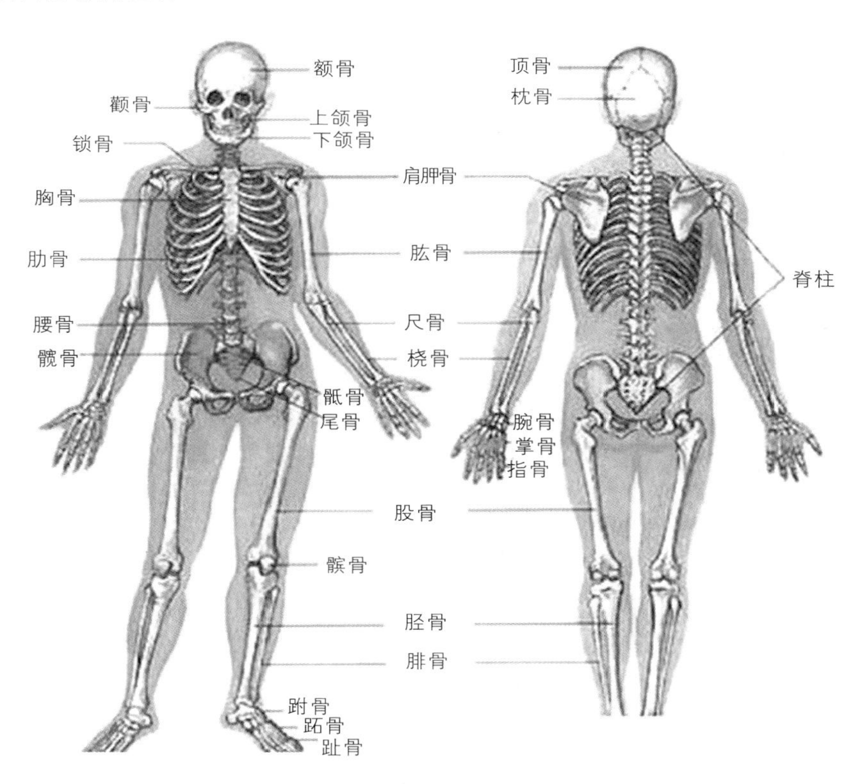

图3-10 人体骨骼示意图

3.2.2 骨杠杆

肌肉收缩是运动的基础，但单凭肌肉的收缩并不能产生运动，必须借助骨杠杆的作用。人的骨杠杆原理和机械杠杆完全一样。在骨杠杆中，关节是支点，肌肉是动力源，肌肉与骨的附着点称为力点，而作用于骨上的阻力（如自重、操作力等）的作用点称为重点（阻力点）。

人体活动主要有三种骨杠杆形式：

①平衡杠杆——支点位于重点与力点之间，类似天平秤的原理，如通过寰枕关节调节头的运动姿势，如图3-11所示。

②省力杠杆——重点位于力点与支点之间，类似撬棒撬重物的原理，如走路时抬足跟的关节运动，如图3-12所示。

③速度杠杆——力点在重点和支点之间，阻力臂大于力臂，如手持重物时肘部的运动，此类杠杆运动在人体中较为普遍，其作用力较大，运动速度较快，如图3-13所示。

根据机械学中的等功原理可知，产生的运动力量越大，活动的范围就小；反之运动量越小，活动范围就越大。最大力量和最大活动范围两者是相互矛盾的，在操作动作的设计中必须考虑这一原理。

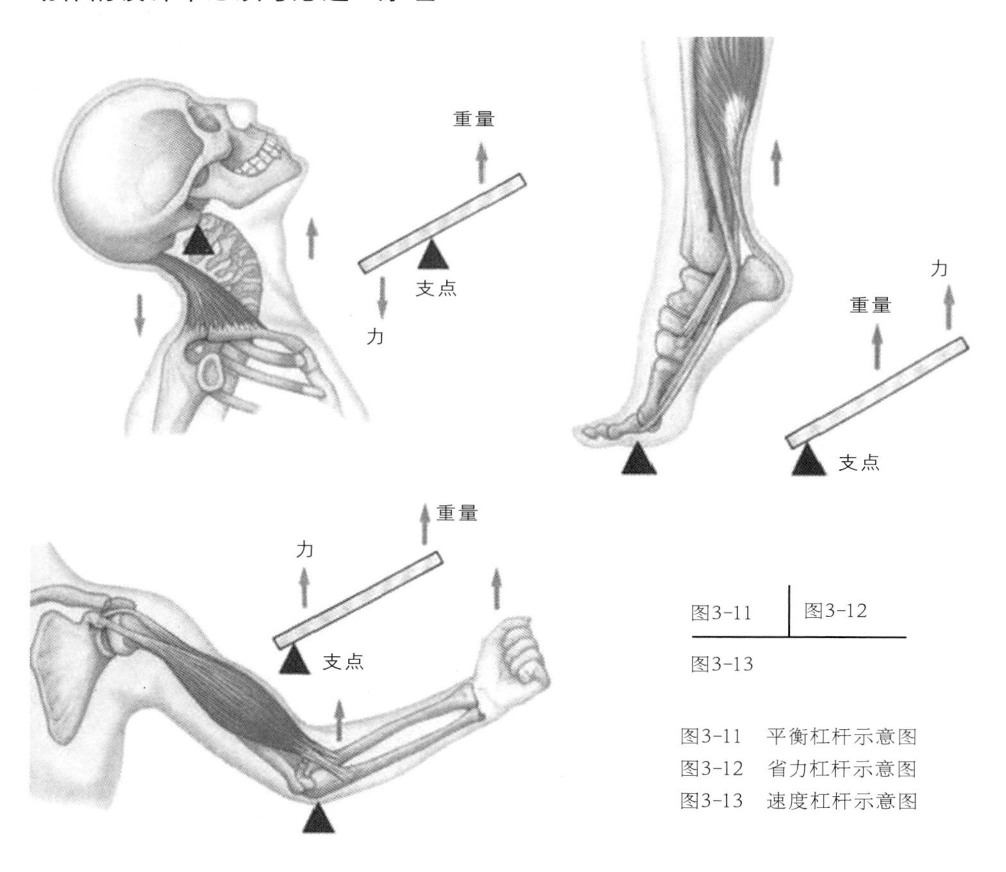

图3-11 | 图3-12
图3-13

图3-11　平衡杠杆示意图
图3-12　省力杠杆示意图
图3-13　速度杠杆示意图

3.3 人体运动

3.3.1 人体运动的种类

(1) 角度运动

角度运动包括弯曲和伸展。弯曲运动是指身体某个部分的运动使其邻近两骨的角度减少的运动；伸展运动是与弯曲运动方向相反进行的运动，伸展运动使邻近两骨的角度增加。如膝关节和肩部的弯曲运动和伸展运动，如图3-14a、图3-14b所示。

图3-14a | 图3-14b

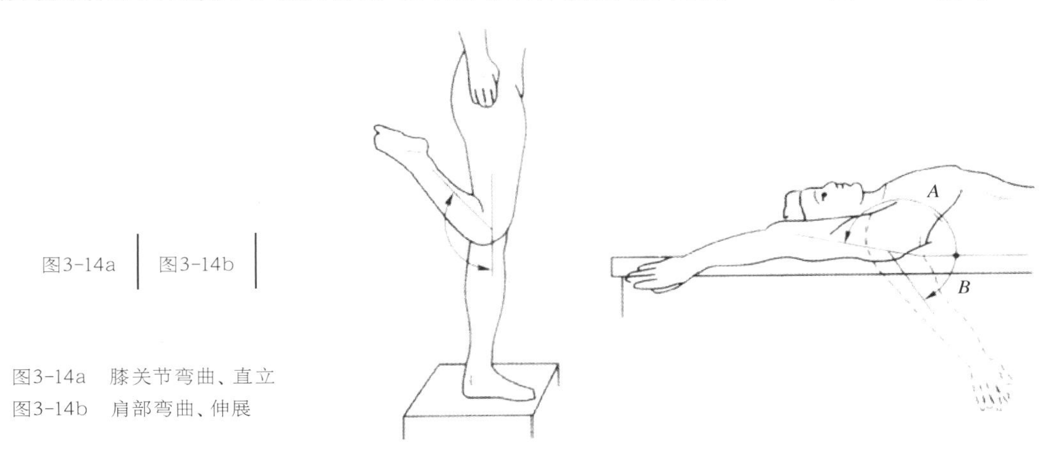

图3-14a 膝关节弯曲、直立
图3-14b 肩部弯曲、伸展

(2) 旋转运动

骨绕垂直轴的运动叫作旋转运动，如大腿和踝关节的旋转运动，如图3-15a、图3-15b所示。

图3-15a | 图3-15b

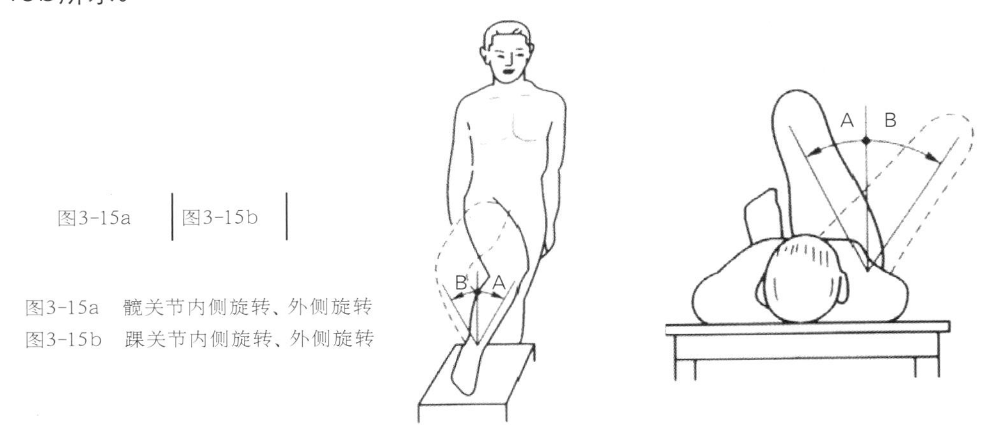

图3-15a 髋关节内侧旋转、外侧旋转
图3-15b 踝关节内侧旋转、外侧旋转

(3) 环转运动

环转运动是指整根骨头绕骨的一个端点，并与骨成一定角度的轴做旋转运动，运动的轨迹有点像一个圆锥体的图形，如图3-16a、图3-16b所示。

图3-16a | 图3-16b

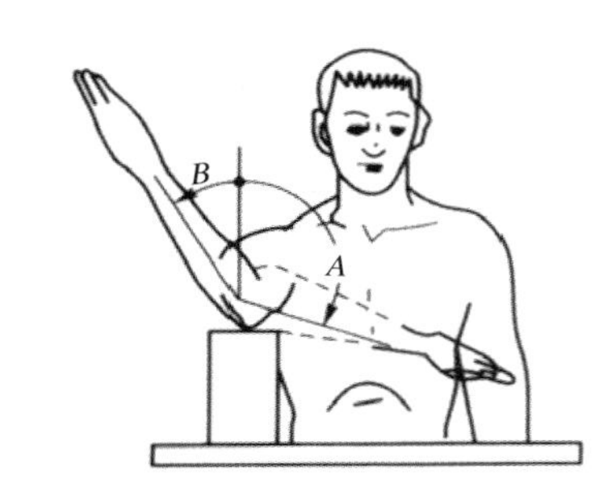

图3-16a　踝关节环转，内侧、外侧转角
图3-16b　肩部环转，向内、向外

3.3.2 关节活动域

人体运动的范围通常受两个因素的影响：人的尺寸和关节活动的范围。这里主要介绍关节活动的范围，也称关节活动域。关节活动的范围通常用关节运动的角度来表现。关节活动的范围受关节的结构、关节附近的肌肉组织的情况、关节附近肌肉、韧带的弹性等因素的影响，不同的关节活动范围不同。其中韧带除了具有连接两骨和加强关节稳固性外，还具有限制关节运动的作用。

在设计活动中，我们必须参照关节的活动能力来进行，超过限度将会造成损伤。了解关节活动范围可以让设计者为相关设计提供更加科学的依据。

(1) 颈椎活动域

前后方向：通过水平面与牙齿咬合面所构成的角度来测定，向前方曲折的角度为40°，向后方曲折的角度为75°。

侧面方向：由两眼窝的连线与锁骨间连线所产生的角度来测定，约45°。

扭转：颈椎的扭转角度由头部的矢状面与躯干的矢状面所构成的角度测定，左右各80°，合计为160°，如图3-17所示。

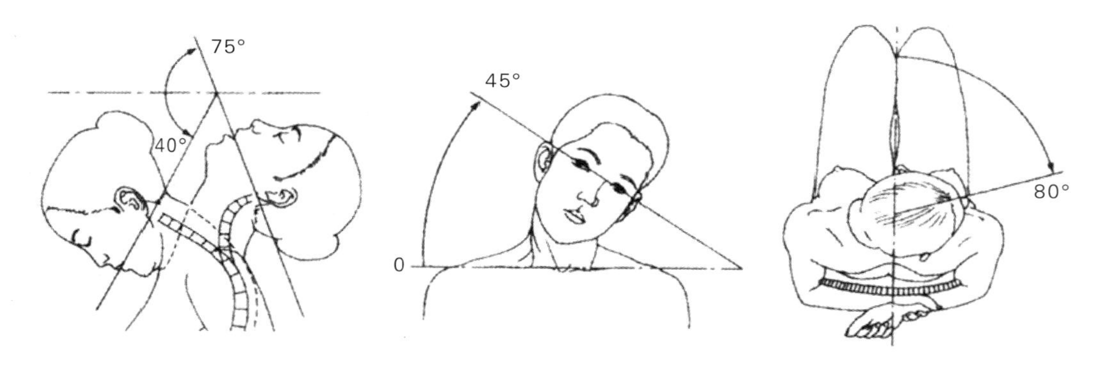

图3-17　颈椎活动域

(2) 胸椎、腰椎活动域

前后方向：用大腿骨大转子上端和垂线之间的角度来测定，前向约45°，后向约35°。

侧面方向：通过臀裂和第7根颈椎突起的连线与垂线的角度来测定，一般约为40°。

扭转：由连接左右肩峰点的线与前脸面间产生的角度来测定，约为40°，如图3-18所示。

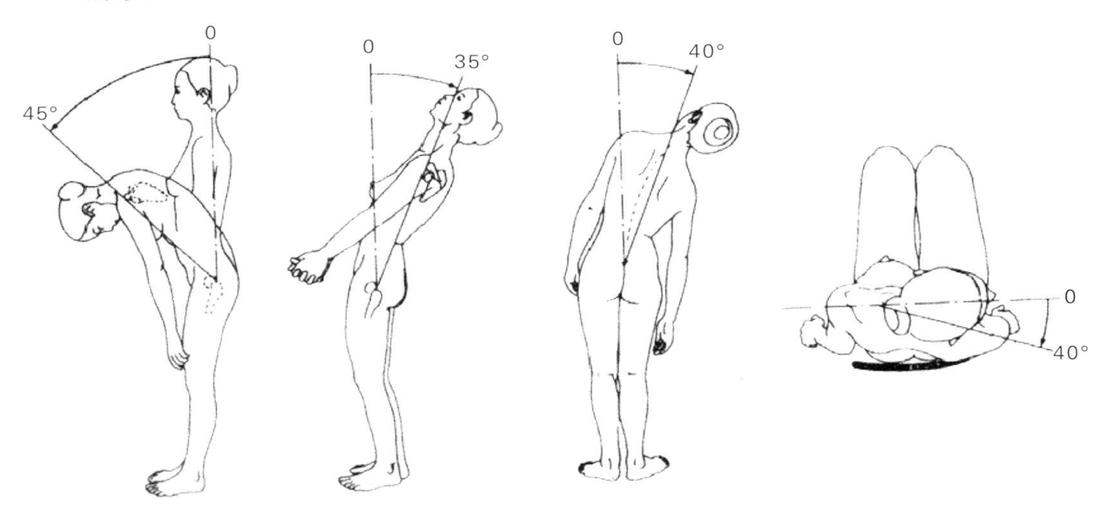

图3-18 胸椎、腰椎活动域

(3) 肩关节活动域

弯曲和伸展在矢状面上进行，而外转和内转则在冠状面上进行。肩关节的弯曲约为90°，外转为60°，超过此弯曲及外转，则要分别增加胸锁关节、肩锁关节的活动。在躯干前面进行的内转是肩关节弯曲组合的结果。

肩关节水平面的弯曲和伸展，要达到90°以上，就必须有胸锁关节、肩锁关节的参与，如图3-19所示。

(4) 肘关节活动域

前后方向：一般约为145°。

扭转：以水平面为基准的扭转角度约为110°，如图3-20所示。

(5) 小臂的内转与外转

小臂的内转与外转由上下的桡尺关节进行。上桡尺关节的活动域约为175°的可动域，如图3-21所示。

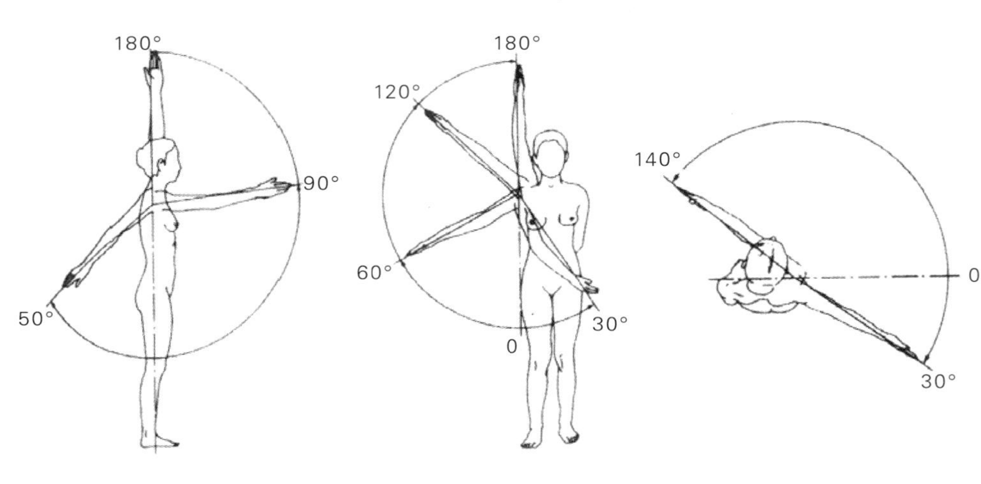

图3-19　肩关节活动域

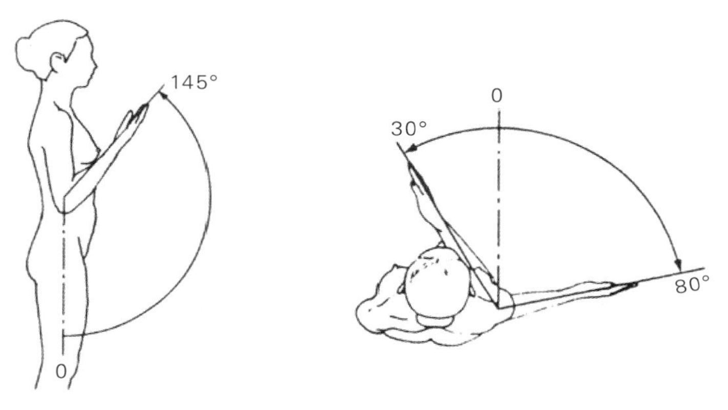

图3-20　肘关节活动域

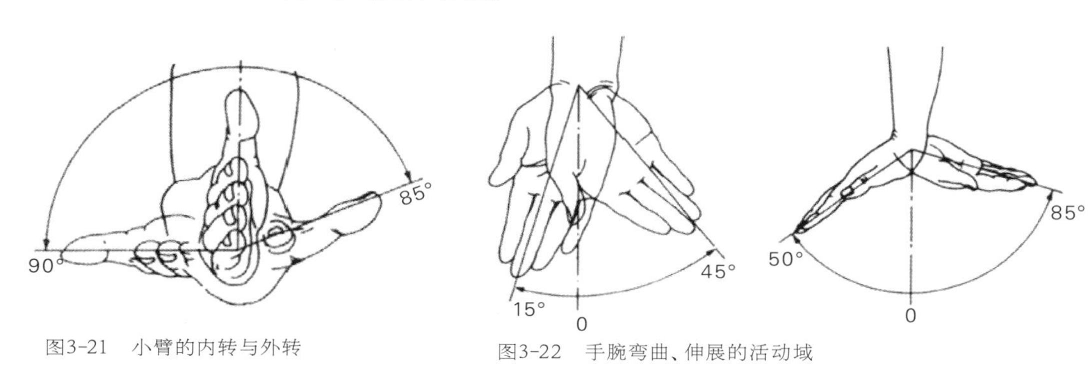

图3-21　小臂的内转与外转

图3-22　手腕弯曲、伸展的活动域

(6) 手腕弯曲、伸展的活动域

手腕内转、外转的可动域，是连接手腕中央和中指的线与前臂长轴线延长线之间所产生的角度，其活动域约为60°。

手腕弯曲、伸展的可动域，是前臂的长轴与手的运动轴间的角度，掌屈约85°，背屈约50°，如图3-22所示。

（7）股关节活动域

前后方向：前面抬腿约为120°，后面抬腿约为20°。

侧面方向：侧面抬腿约为90°。

扭转：水平抬腿后小腿扭转约为90°，如图3-23所示。

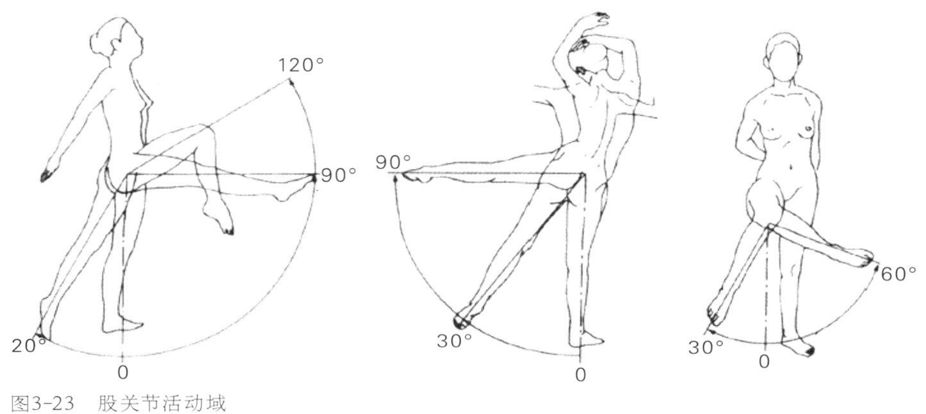

图3-23　股关节活动域

（8）膝关节可动域

大腿自然下垂时，小腿自然后屈约为120°。

大腿前抬时，小腿自然后屈约为140°，如图3-24所示。

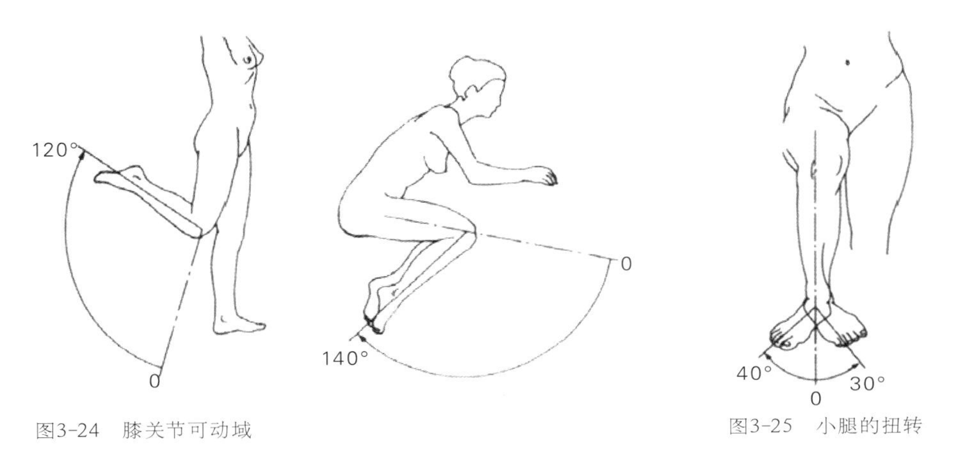

图3-24　膝关节可动域

图3-25　小腿的扭转

（9）小腿的扭转

大腿前抬，小腿自然下垂，脚部水平内扭转约为30°，外扭转约为40°，如图3-25所示。

(10) 手指可动域

食指的内转和外转、掌指关节的弯曲可动域是：食指为90°，其他中指、无名指依顺序稍微变大。近位指节间关节的弯曲可动域也有同样的倾向；远位指节间关节的弯曲可动域则可以看成全部手指大体是相同的，如图3-26所示。

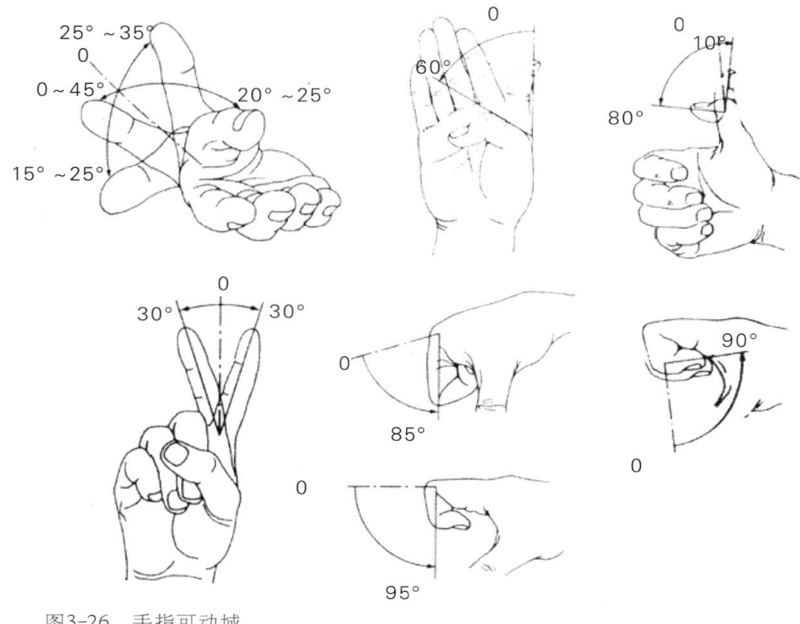

图3-26　手指可动域

(11) 踝关节、脚趾活动域

踝关节的弯曲为30°～50°，而背屈为25°～30°。每个脚趾的弯曲和伸展活动域大体相同，如图3-27所示。

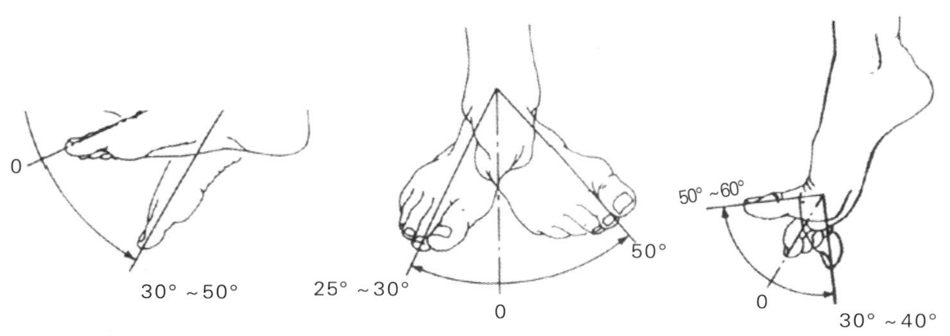

图3-27　踝关节、脚趾活动域

3.3.3　肢体力量范围

肢体的力量来自肌肉收缩，其收缩所产生的力称为肌力。这些力量一般分为静态力量和动态力量。人体保持特定姿势或固定位置时需要的是静态力量，比如人手握重物、站姿或坐姿工作的情形。动态力量是人体位置或姿势发生变化时动作所需的力量，比如打网球时运动员的挥拍动作。事实上，在实际的活动和运动中，人的力量需要静态力量和动态力量的协调配合，如握住球拍是静态力量，而挥动球拍则是动态力量。

这些力量的大小不尽相同，除了取决于人体肌肉的生理特征以外，往往还与人的施力姿势、施力部位、施力方式和施力方向关系密切，这些综合条件下的肌肉出力的能力和限度是我们设计操纵力时的依据。研究人体力量可以更好地设计与人接触的“机”，使机器的操控能够更加符合人体的操控能力，这里研究的主要对象是人体不同部位的出力范围。

(1) 人体在直立姿势下弯臂，不同角度时力量分布不一样

大约在70°时可以产生相当于体重的力量，这也是许多操纵机构（方向盘）置于人体正前方的原因，如图3-28所示。

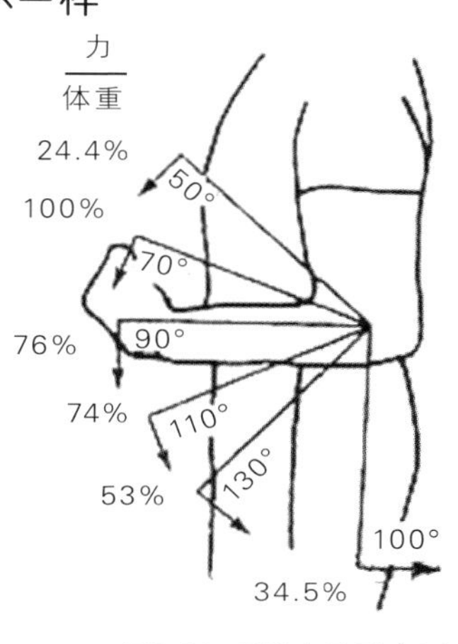

图3-28 手臂力量示意图

(2) 手腕的操纵力

人们每天都在拿各种各样的东西，利用手来操纵不同的机器，人的大部分工作都是由手来完成的，因此手的力量在工作中起着更为重要的作用，是设计产品时重要的影响因素或者限制因素。

人体握、捏的关键部位为手腕，手腕操纵力的大小如图3-29所示。

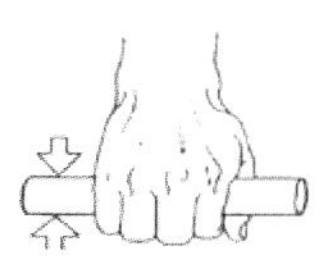

握力

	平均	标准偏差
右手	47.8	6.4
左手	44.9	6.2

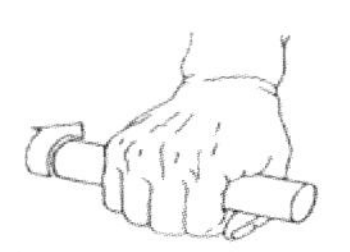

回旋力

	平均	标准偏差
右手	42.2	12.4
左手	42.8	10.8

指肚抓力

	平均	标准偏差
指腹面	9.7	2.4

指头侧面拧力

	平均	标准偏差
指侧面	10.5	2.2

指尖抓力

	平均	标准偏差
指尖端	9.5	2.2

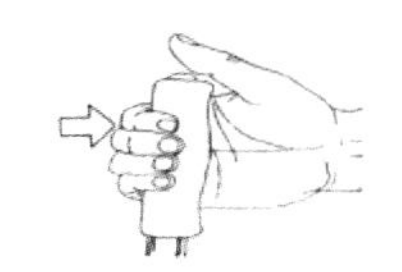

屈指力

	平均	标准偏差
第2指	16.0	2.4
第3指	21.3	3.1
第4指	16.1	2.6
第5指	9.8	2.3

回旋力

	平均	标准偏差
内		
（右）	31.3	12.7
（左）	31.3	14.1
外		
（右）	29.1	8.2
（左）	28.2	7.3

图3-29 手腕操纵力示意图（单位：kg）

(3) 上下肢的操纵力

①手部力量与运动方向、角度以及肘关节的角度等有密切的关系。研究表明肘关节为180° 时，手臂产生的拉力最大，在0° 时推力最大。如图3-30所示为拉力示意图，图3-31为推力示意图。

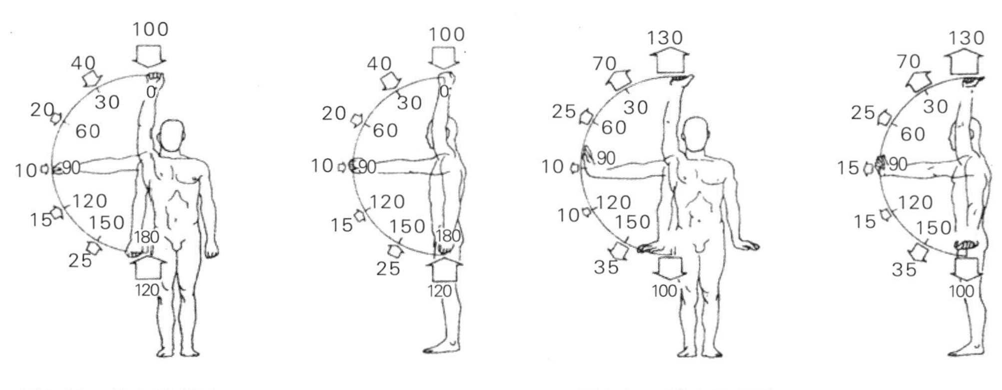

图3-30　拉力示意图　　图3-31　推力示意图

②下肢各方向蹬踏力。脚在某些工作场合也被要求来操纵机器，常见的如控制汽车的刹车和油门、操作缝纫机等。脚的力量与下肢的姿势、位置和方向有关。最大蹬力一般在膝关节140° ～160° ，施力方向20° ～30° 时产生。在设计中还应该注意座椅椅面与踏板的高度等其他因素对设计的影响。事实上，最佳施力区并不是脚踏力最大的位置，如图3-32所示。

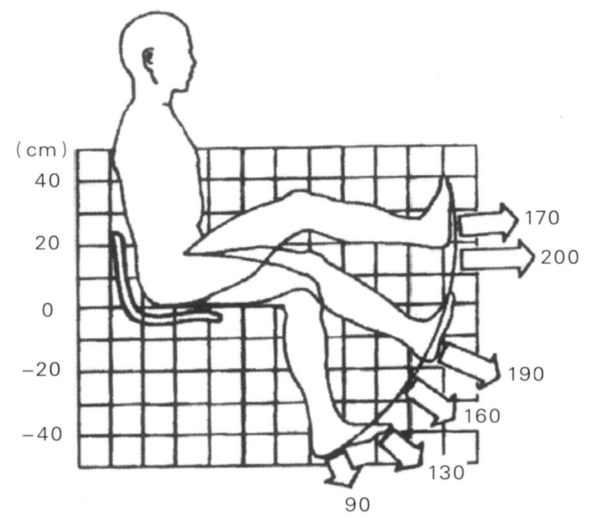

图3-32　下肢各方向蹬踏力

③全身的推力和拉力。成年男子出力平均值。隔断墙和栏杆等设施的强度必须参考这些数值来决定。持续力是指同样的力连续推拉；冲击力是瞬间作用的大小；高度是指出力位置到地面的尺寸；进深与宽度表示推力和拉力同时受力时的间距，如图3-33所示。

据研究，女子的出力约为男子出力的3／4。

推	高度/cm		
	140	382	2 080
	120	529	2 390
	100	568	2 260
	80	539	2 100
推	高度/cm		
	140	167	892
	120	363	1 430
	100	588	1 530
	80	617	1 650
推	进深/cm		
	100	1 050	2 310
	80	774	2 210
	60	1 640	2 160
	40	696	1 960
推	高度/cm		
	200	696	2 010
	180	853	2 230
	160	627	1 830
	140	843	1 980
	120	676	2 160
拉	高度/cm		
	140	333	1 070
	120	431	1 200
	100	461	1 210
	80	480	1 360
拉	高度/cm		
	140	274	1 040
	120	353	1 110
	100	441	1 110
	80	480	1 010
拉	进深/cm		
	80	1 000	931
	60	1 130	1 240
	40	1 030	1 230
	20	990	1 430
	0	960	1 220
拉	高度/cm		
	80	941	1 050
	70	1 030	951
	60	1 160	911

图3—33　全身的推力和拉力

3.4 人体操作动作分析

人的操作动作是一种复合运动。由于操作对象和操作结果不同，人的运动部位和运动状态也不同，动作过程也不同。动作分析就是指对作业或操作动作的组成结构特点及相互关系的分析。人类动作可分为有意识动作和无意识动作两类。无意识动作是指受人类反射本能所做的动作，如眨眼、躲避、遇到危险时护住头部等，这些动作是肌体的自我保护机制。而有意识动作是指受大脑支配的动作，是为了某种目的而做的动作。不断重复的有意识动作也可能最终变成类似于反射的无意识动作，即条件反射。

3.4.1 意识动作分类

（1）定位动作

为了一个明确的目的把肢体的一部分移动到一个特定位置，如伸手取物、按开关等。借助视觉帮助的定位动作叫视觉定位动作，不依赖视觉的定位动作叫盲目定位动作。

定位动作完成的好坏与许多因素有关。从主体上来说，年龄、训练程度是主要影响因素；从客观上来说，操纵目标的位置、大小、色彩、形状是影响视觉定位动作质量因素。实验证明，目标位于前下方60°视角内时定位动作质量高，四肢伸出的动作比收回的动作质量高，手臂由前方向侧方移动比相反的动作质量高，操纵目标大而清晰、色彩鲜艳时定位动作质量高。

不断重复的定位动作，可使肌肉神经逐渐“记住”目标位置，最终可以不依赖视觉而定位动作，这时叫作盲目定位动作，如打字员完全凭感觉敲键盘就是盲目定位动作。目标的位置与盲目定位动作完成的好坏有很大的关系。通常在容易达到的位置，参与动作的肌肉肉少，感觉灵敏而单一，完成动作容易；反之则差。

研究定位动作对操作装置的设计有很大的意义，尤其是在需要操作者迅速判断、实施动作的时候。当汽车以120 km/h的速度在高速路上行驶时，视觉离开路面1s汽车已经行驶33 m，如何尽可能缩短驾驶员寻找操纵器的时间，提高定位动作的质量，是人机工程设计中的主要内容。

（2）逐次动作

一连串目标不同的定位动作加起来就是逐次动作。弹钢琴、打字、按电话号码都是逐次动作，装配流水线上的组装工作也属于逐次动作。逐次动作完成的好坏主要受动作距离和动作逻辑性的影响，这种逻辑可能是位置的逻辑，也可能是人们熟知的某种习惯性。例如，人们在电话键盘上依次从1按到0的速度比按一组无规律号码的速度快，原因在于前者的动作具有位置的逻辑而且路径最短。

逐次动作的研究对生产环境的合理布局和工具摆放具有指导意义。

（3）重复动作

在一段时间内重复同一动作称为重复动作，如走路、跑步、骑自行车等。简单的重复动作是比较省力的，不需要过多意识的参与，仅凭肌肉和神经的记忆力就可以不断做下去。重复动作时，肌肉处于松弛和紧张的不断交替中，不容易疲劳。动作频率是影响重复动作质量的重要因素。实验证明，动作频率与心脏频率接近时，动作持续时间最长，质量最好。

（4）连续动作

对操作对象进行连续控制的动作，如用枪追踪瞄准一个运动目标，用鼠标指挥光标追踪屏幕上的一个图形，或驾驶汽车沿一条弯弯曲曲的山路行驶都属于连续动作。连续动作是一种全程控制行为，目标自始至终需要意识的参与，是一种相当消耗精力的动作。

（5）调整动作

调整动作是人体的一种自我保护方式，以改善身体部分肌肉的受力状态。人体在静态时就时时处于这种调整动作之中，人如站立时用左右两腿交替来支撑身体重量、睡眠时翻身均属此类。在设计工作环境时，要考虑到这种需要，为人提供调整的机会和空间。

3.4.2 动作分析与动作经济原则

根据研究，人的动作可分解成三类18个要素：第一类是完成作业的必要动作，如伸手、抓握、移动、定位、组装、拆卸、运用、放置；第二类是辅助性动作，如寻找、发现、选择、检查、思考、预安放；第三类是多余的动作，如紧握、难免的延迟、休止。经分析可以去掉多余的动作，精简辅助性动作，通过工作场所的重新布置改善必要动作，使之符合动作经济原则。

动作经济原则有四项基本思路：减少动作数量；追求动作平衡；缩短动作移动距离；使动作保持轻松自然的节奏。

具体来说，实现动作经济原则可分别从作业者工位的设计、工具设备设计、环境布置三个方面入手。

（1）双手并用原则

能熟练应用双手同时进行作业，对提高作业速度大有裨益。单手动作不但是一种浪费，同时也会造成一只手负担过重，动作不平衡。另外，双手的动作最好同时开始，这样会更加协调。

（2）对称反向原则

从身体动作的容易度来说，同一动作的轨迹周期性反复是最自然的，双手或双臂运动的动作如能保持反向对称，双手的运动就会取得平衡，动作也会变得更有节奏。

（3）排除合并原则

不必要的动作会浪费操作时间，使动作效率下降，应予以排除。即使是必要的动作，通过改变动作的顺序、操作环境等也可减少操作时间。此外，将几个动作合并进行也是缩短时间的有效方法。

（4）降低动作等级原则

人的动作可按其难易度划分等级，具体如下：

等级一：以手指为中心的动作。

等级二：以手腕为中心的动作。

等级三：以肘部为中心的动作。

等级四：以肩部为中心的动作。

等级五：以腰部为中心的动作。

等级六：走动。

动作等级越低，动作越简单易行；反之，动作等级越高，耗费的能量越大，需要时间长，人也越容易感到疲劳。以电灯开关为例，使用接触式开关就比使用闸刀式开关等级低；而各种家用电器遥控器的使用，也使动作等级大大降低。

（5）减少动作等级限制原则

在工作现场应尽量创造条件使作业者的动作不受限制，这样在作业时，作业者心理处于较为放松的状态。例如，当工作台上盛放零件的容器容易倾倒时，作业者在取时动作的轻重必须特别注意，则取零件的动作效率必受影响。此时，可以通过改变重心、支撑面、摆放位置等进行改善。

（6）避免动作突变原则

动作的过程中如果有突然改变或急剧停止必然会使动作节奏发生停顿，动作效率随之降低，因此，安排动作时应使动作路线尽量保持为直线或圆滑曲线。

（7）保持轻松节奏原则

动作必须保持轻松的节奏，让作业者在不太需要判断的环境下进行作业。动辄必须停下来进行判断的作业，实际上更容易令人疲乏。顺着动作的次序，把材料和工具摆放在合适的位置，是保持动作节奏的关键。

（8）利用惯性、重力、弹力的原则

动作经济原则追求的就是以最少的动作投入，获取最大的动作效果，如果能利用惯性、重力、弹力等进行动作，自然会减少动作投入，提高动作效率。如骑自行车达到一定的速度，蹬脚踏板的动作在一定程度上就是借助惯性完成的，人会感觉较为省力。

（9）手脚并用原则

脚的特点是力量大，手的特点是灵巧。在作业中如果能结合使用，如一些较为简单或者费力的动作交给脚来完成，对提高作业效率也大有裨益。踩缝纫机就是手脚并用的一个典型例子。

（10）利用工具的原则

工具能帮助作业者完成人手所无法完成的动作或者使动作难度大为降低。因此，从经济的角度来考虑，当然要在作业中尽量考虑工具的使用。在设计上应注意工具与人结合的方便程度。此外，如果工具的功能过于单一，进行复杂作业时就需要用到很多工具，不免增加工具寻找、取放的动作。因此，组合经常使用的工具，使工具“万能化”是必要的。例如，把安培表、伏特表、欧姆表组合在万用表中，可以给电子技师带来极大的方便。工作所需的一切材料、工具、设置等应根据使用的频率、加工的次序，合理进行定位，尽量放在伸手可及的地方。

（11）环境适宜的原则

作业场所的工作台面、桌椅应该处于适当的高度，让作业者在舒适、安稳的状态下进行作业。作业场所的灯光应保持适当的亮度和光照角度，这样，作业者的眼睛不容易感到疲劳，作业的准确度也能有所保证。此外，良好的通风、适当的温湿度也是环境布置上应重点考虑的方面。

4 人机系统

人体工程学最核心最基本的概念就是系统。其最大特点是把人、机及环境看成一个系统的三大要素，主要研究对象是人的因素，但又并非孤立地研究人，在同时研究系统的其他组成部分的基础上，着重强调从全系统的总体性能出发，并根据人的特性和能力来设计和改造系统，使系统三要素形成最佳组合的优化系统。

4.1 系　统

4.1.1 系统的概念

所谓系统，是由相互作用、相互依赖的若干组成部分结合而成的具有特定功能的有机整体。系统不仅是一种概念，还是一种观念，一种观察、分析和理解世界的观念。我们身边的任何物件都是某个系统中的组成因素，比如花草树木和飞禽走兽是生态系统的部分组成因素，不同的交通工具和道路设施是交通系统的组成因素等。系统往往被看成是一个可以实现某个目标的存在物的全体。人体自身的消化系统如图4-1所示。

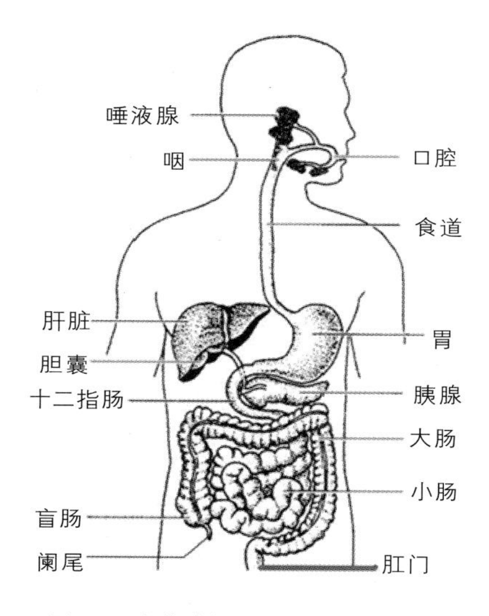

图4-1　人体消化系统

4.1.2 系统的特性

(1) 目标性

从某种意义上说，系统就是一个目标。任何系统都是为了某个目标而存在的。比如上述消化系统的目标就是完成养分的吸收、消化和排泄。

(2) 层次性

前面提到，任何系统都包含于一个更大的系统内。同样，任何一个系统也是由多个子系统组成的。系统和子系统分别属于不同的层次，比如胃、消化系统和人体就分别属于不同的层次。

(3) 功能性

系统的每一个部分都具有相应的功能，而这些功能结合起来又满足于整个系统的一个或多个功能。从系统的概念来看，系统最根本的特征在于系统整体功能大于部分的总和。

(4) 交互性

子系统之间为了达到系统目标会相互影响，这也是系统功能大于部分之和的原因之一。不管影响有多大，系统的某个子系统总会对其他子系统产生影响。

4.2 人机系统

人机系统的关键不在于“人”或“机”本身，而在于从系统的高度，把人、机以及环境因素作为一个整体来研究。人、机、环境之间的关系是人机系统研究的重点。

4.2.1 人机系统的组成和类型

(1) 人机系统的组成

由人和机组成的系统我们称之为人机系统。因为人机所处的外部环境因素（如温度、照明、噪声和振动等）也将不断影响和干扰此系统的效率。因此，从广义来讲，人机系统又称人—机—环境系统。从系统的观点来看，人机系统的性质和作用不仅依赖于人和机的特性，而且取决于人机之间的关系。如图4-2所示，同一把椅子，由于不同的使用方式，系统的性质和作用不相同。

图4-2 多种使用方式的椅子

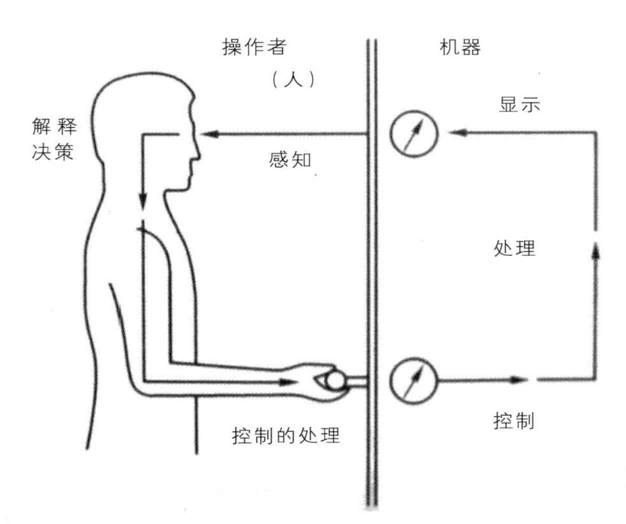

图4-3　典型的人机系统示意图

人机系统中，一般的工作循环过程如图4-3所示，人在操作过程中，首先机器通过显示器将信息传递给人的感觉器官（如眼睛、耳朵等）。然后，中枢神经系统对信息进行处理后，再指挥运动系统（如手、脚等）操纵机器的控制器，从而改变机器所处的状态。由此可见，从机器传来的信息，通过人的“因素”又返回到机器，并形成一个“循环”系统。

（2）人机系统的类型

我们从人机系统自动化的不同程度进行分类：

①人工操作系统。这类系统包括人和一些辅助机械及手工工具。由人提供作业动力，并作为生产过程的控制者。如图4-4所示的工具，人直接把输入转变为输出。

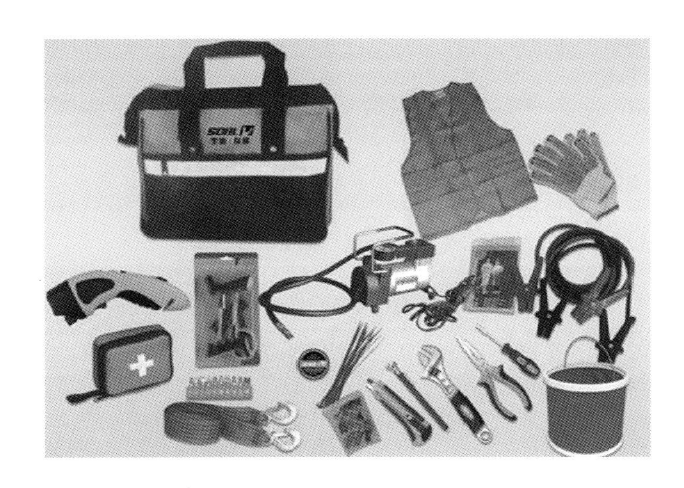
图4-4　手动工具

②半自动化系统。这类系统由人来控制具有动力的机器设备，人也可能为系统提供少量的动力，对系统进行某些调整或简单操作。对系统中反馈的信息，经人的处理成为进一步操纵机器的依据，如图4-5所示。这样不断地反复调整，以保证人机系统正常运行。

图4-5　半自动化洗车设备

③自动化系统。这类系统中信息的接收、储存、处理和执行等工作，全部由机器完成，人只起到管理和监督作用。如图4-6所示，系统的能源从外部获得，人的具体功能是启动、制动、编程、维修和调试等，为了安全运行，对可能产生的意外情况，系统必须有预报及应急处理的功能。值得注意的是，不应脱离现实的技术、经济条件过分追求自动化，把本来一些适于人操作的功能也自动化了，其结果将会引起系统可靠性和安全性降低，使人与机器不相协调。

图4-6　自动化汽车装配线

4.2.2 人机系统总体设计的目标

虽然人机系统构成复杂、形式繁多、功能各异，我们无法一一列举具体人机系统的设计方法，但是，结构、形式和功能均不相同的各种各样的人机系统设计，其总体目标都是一致的。

人机系统总体设计的目标主要从系统的角度出发，对系统中的人、机和环境等方面的设计提出要求和目标，以保证人机系统总体目标的优化。人机系统的目标概括如下：

(1) 安全目标

人在系统中不可能不犯错误。系统的安全目标是人机系统总体设计最基本的目标。安全目标包括两个方面：减少事故和避免人为错误。在设计中，可以对人的错误和事故进行分析，并提出相应的解决办法。

(2) 作业效能目标

提高人的作业效能直接关系到系统效能的提高。作业效能目标是人机系统总体设计中最重要的目标之一。合理分配作业、正确的机器设计和良好的环境，都可以改善操作者的作业效能。

(3) 用户满意度目标

近年来，人的心理因素逐渐受到广泛重视。用户满意度目标是人机系统总体设计中心和情感层面上的目标。研究发现，用户的心理压力与系统设计直接相关。在设计中，要建立良好的人机关系，提高用户的满意度。

(4) 系统效益目标

系统效益目标主要包括培训费用、人力资源的利用和生产效率三方面的内容。良好的作业程序和人机匹配以及工具设计，可以降低操作者对特殊能力和专门技能的要求，从而减少培训费用，更好地利用人力资源，提高生产效率。

4.2.3 人机系统总体设计的原则

ISO 6385—1981(E)国际标准规定了人体工程学原则，它作为工作系统设计的基本指导方针，可应用于对人的福利、安全和健康的最佳工作条件，同时也考虑到技术和经济上的效果。该国际标准中所规定的人体工程学一般指导原则介绍如下：

(1) 设备和工作空间的设计

①与身体尺寸有关的设计。

对工作空间和工作设备的设计应考虑到工作过程中对人身体尺寸所产生的约束条件。工作空间应适合于操作者，在设计时要特别注意下列各点:

A.工作高度应适合于操作者的身体尺寸及所要完成的工作类型。座位、工作面或工作台应设计成能获得所期望的身体姿势，即身体躯干挺直，身体重量能适当地得到支撑，两肘置于身体两侧，前臂接近水平。

B.座位装置应适合于人的解剖生理特点。

C.应为身体的活动，特别是头、手臂、腿和脚的活动提供足够的空间。

D.各种操作器应布置在人体功能尺寸可及的范围内。

E.把手和手柄应适合手的功能解剖学要求。

②有关身体姿势、肌力和身体动作的设计。

工作设备的设计应符合肌肉、关节、韧带，以及呼吸和循环系统的能力，力的要求应在生理的范围内，身体动作应遵循自然节奏。身体姿势、力的使用以及身体的动作应互相协调。

A.身体姿势。操作者应能交替采用坐姿和立姿。如果必须两者选择其一，则通常坐姿优于立姿；然而工作过程也可能要求立姿。如果必须施用较大的肌力，那么应该采取合适的身体姿势和提供适当的身体支撑，使通过身体的一连串力或扭矩不致损伤身体。身体不应由于长时间的静态肌肉紧张而引起疲劳，应该可以变换身体姿势。

B.肌力。力的要求应与操作者的体力相一致。所涉及的肌肉群必须在肌力上能满足力的要求。如果力的要求过大，那么应在工作系统中引入辅助能源。应该避免同一肌肉保持长时间的静态紧张，尽量减小静态肌力。

C.身体动作。应在身体动作期间保持良好的平衡，最好能选择长时间固定不变的动作。动作的幅度、强度、速度和节拍应互相协调。对精度要求较高的动作不应使用很大的肌力。如适当的话，可设置引导装置，以便于动作的实施和明确它的先后顺序。

③有关信号、显示器和控制器设计

A.信号与显示器。应以适合人的感受特性的方式选择、设计和配置，尤其应注意下列各点:

信号和显示器的种类和设计应保证清晰易辨。这一点对危险信号尤其重要，应考虑到如强度、形状、大小、对比度、显著性和信噪比等各个方面。

当显示器数量很多时，为了能准确地识别信息，应以能够清晰、迅速地获得可靠的方位来配置它们。对它们的排列可以根据工艺流程或使用特定信息的重要性和频率来确定。信号显示的变化速率和方向应与主信息源变化的速率和方向一致。

B.控制器。控制器的选择、设计和配置应与人体操作部分的特性（特别是动作）相适应。应该考虑到技能、准确性、速度和力的要求，特别应注意下列各点：

控制器的类型、设计和配置应适合于控制的任务。应考虑到人的各项特性，包括学会的和本能的动作。

控制器的行程和操作阻力应根据控制任务和生物力学及人体测量数据来选择。

控制动作、设备的应答和显示信息应相互适应和协调。

各种控制器的功能应易于辨认，避免混淆。

在控制器数量很多的地方，应以能确保安全、明确、迅速地操作进行配置。其配置方法与信号的配置相同，可以根据控制器在过程中的功能和使用顺序等，把它们分成若干部分。

关键的控制器应有防止误动作的保护装置。

（2）工作环境设计

工作环境的设计应保证工作环境中的物理、化学和生物学条件对人们不产生有害的影响，而且要保证人们的健康并便于工作，我们一般以客观可测的现象和主观评价作为依据。

对于工作环境应特别注意以下各点：

①工作场所的大小（总体布置、工作空间和通行有关的工作空间）应适当。

②通风应按下列因素进行调节：室内的人数；工作场所的大小；消耗氧气的设备；所涉及的体力劳动强度；室内的污染物质的产生情况；热条件。

③应按当地的气候条件来调节工作场所的热条件：气温；风速；所涉及的体力劳动强度；湿度；热辐射；衣服、工作设备和专用保护设备的性质。

④照明应为所需的活动提供最佳的视觉感受：亮度；光分布；亮度和颜色的对比度；颜色；无眩光及不合理的反射。

⑤在为房间和工作设备选择颜色时，应该考虑到它们对亮度的分布，对视野的结构和质量及对安全色感受的影响。

⑥声学工作环境应避免有害或扰人噪声的影响，包括外部噪声的影响，还应注

意下列因素：声压级；时间分布；频谱；对声响信号的感知；通话清晰度。

⑦传递给人的振动和冲击不应引起肉体损伤，以及生理和病理反应或感觉、运动神经系统失调。

⑧应避免工人暴露于危险物质及有害辐射的环境中。

⑨在室外工作时，存在不利的气候影响（如热、冷、风、雨、雪、冰）时，应为操作者提供适当的遮掩物。

(3) 工作过程设计

工作过程设计特别应避免工人劳动超载和负载不足，以保护工人的健康和安全，增进福利和便于完成工作。超越操作者的生理或心理功能范围的上限或下限，都会形成超载或负载不足，产生不良后果：肉体或感觉的过载使人产生疲劳；负载不足或使人感到单调的工作会降低警惕性。

我们一般采用下列一种或多种方法改善工作过程和质量：

①由一名代替几名操作者完成属于同一工作职能的几项连续操作（职能扩大）。

②由一名代替几名操作者完成属于不同工作职能的连续操作，如组装作业的质量检查可由次品检出员完成（职能充实）。

③改变工作，如在装配线上的工人中，实行自由换工种的方法。

4.2.4 人机系统总体设计的程序、步骤及方法

(1) 人机系统总体设计的程序

人机系统总体设计是按照系统论的方法而进行的一种总体设计。系统方法认为，系统设计时不仅要着眼于系统要素的性能提高，更要考虑系统要素间的良好配合，从而使系统的整体性能达到最佳。

我们将整个人机系统划分为一系列具有明确定义的设计阶段，每个阶段都有明确的设计活动和任务。而且各个阶段之间具有时间上的顺序性，即只有上一阶段的设计活动完成后，才能进行下一阶段的设计活动。这就构成了人机系统的设计程序，通常可分为以下几个阶段：

①定义系统目标和作业要求。系统目标和作业要求一般一起定义，系统目标是一个抽象概念的定义，而作业要求是目标在具体内容上的定义。系统目标重点要说明目标的内容和性质，而不应该把如何实现目标包括在目标定义里，否则会使目标失去稳定性，继而影响设计的创造性。比如设计“一种接送小孩上学的助力车”，就对目

标的实现进行了定义，正确的定义应该是设计“一种接送小孩上学的方式或装置”。显然，助力车的设计定义限制了设计思路，并使目标设计出现偏差。

在定义系统目标的基础上，再来进一步定义系统的作业要求。系统的作业要求是指实现目标必须做什么。比如设计“一种接送小孩上学的方式或装置”的作业要求就应该包括接送孩子时的负重、安全、方便等方面的问题。从上面可以看出系统作业要求应该包括系统要做什么，做的标准是什么等。

系统作业要求还考虑实现系统目标的限制因素，如人群的限制、技术因素等。从人体工程学的角度来看，人的因素是十分重要的内容，其限制因素主要包括两方面：系统使用者的生理、心理特性和用户的需求。

②系统定义阶段。系统定义始于系统方案，而系统方案又必须在系统目标和作业要求的基础上进行。系统方案不是最后的产品，是抽象的表述。它不是凭空产生的，只有真正明确系统目标和用户的需求，才可能制订出好的设计方案。在方案产生后，就可以对系统进行定义了，系统定义主要是对系统功能进行定义，在定义时应该避免对功能进行分配，只定义功能是什么，而不定义功能如何实现，不把功能分配给人或机这两个子系统。比如移动通信系统的基本功能包括语音信息的传递与接收、图片或文字信息的接收和传递。

③初步设计阶段。包括功能分配、作业要求、任务分析和工作设计。功能分配主要是把系统功能合理地分配给人或机这两个子系统；针对分配给人的功能必须提出一定的作业要求，如作业速度、精度、技能和满意度等，为后面的设计奠定基础。

④人机界面设计阶段。包括显示装置设计、控制装置设计和作业空间设计。

⑤作业辅助设计阶段。包括制订使用者素质要求、设计操作手册、设计作业辅助手段和设计培训方案。

⑥系统评价阶段。包括制订评价标准、实施评价和作评价结论。

以上为人机系统设计过程中的总体程序。

（2）人机系统设计的步骤

人机系统综合开发的步骤及应考虑的人体工程学问题如表4-1所示。

（3）人机系统的设计方法

人机系统设计是对于系统中人、机和环境三元素不单纯追求某一个要素的最优，而是在总体系统上正确地解决好人机功能分配、人机关系匹配和人机界面设计三

表4-1　人机系统设计步骤及考虑事项

系统开发的各阶段	各阶段的主要内容	人机系统设计应该考虑的事项	人机工程专家的工作事项
明确系统的重要性	目标的设定	人员的要求及制约	人员的特性、训练等调查和预测
	使命的确认	系统运用的制约、环境的制约、组成系统人员的数量和质量	从安全性和舒适性方面对系统的必要条件进行复核以及对人员的士气进行预测等
	运用条件确认	能够确保数量和质量的人员、训练设备等	
系统分析与系统计划	系统必要条件的明细化	系统必要条件划分的明细化	系统性能的判定
	系统机能的分析	分析各种可能的构思，并比较研究系统的机能分配	实施系统的整体轮廓
	系统构思的发展（各种可能构思的分析与评价）	有关设计的必要条件、人员的配备与训练方案的制订	人与机的任务分配与各种方案系统性能变化的调研与评价；关联各个性能的作业分析；调查决定必要的信息，确定显示与控制的种类
系统设计	预备设计（大纲的设计）	以人为中心考虑设计事项	准备适用的可能的人机工程学资料
	细节设计		人机工程学的设计标准提示等；关于信息与控制必要性的研究与实现方法的选择及开发；作业性（工作方便）的研究；居住性的研究
	具体设计	当系统最终构成时，确认人机系统的协调操作与维修的详细分析和研究（提高可靠性和安全性）；宜人性高的机器设计；考虑适于人的空间设计	决定构成系统的最终方案及其实施步骤的意见；最终决定人机间的机能分配；各作业中为了正确判断而必需的信息、联络、执行等；对安全性的考虑；防止士气、情绪下降的措施；显示、控制装置的选择与设计；控制板的配置计划；提高安全性的措施；空间设计、人员与机器的布置，决定照明、温度、防噪等环境条件
	人员的培训计划	人员的指导训练及配备计划，其他专业组的协定	决定编写手册的内容与样式，决定系统运转与维修的必要人员的数量与质量、训练计划、训练器材的开发；事故的预测、效率的预测等

续表

系统开发的各阶段	各阶段的主要内容	人机系统设计应该考虑的事项	人机工程专家的工作事项
系统的考核评价	计划阶段的评价； 模型制作阶段； 原始样式； 判断考核模型缺陷； 变更设计的意见	根据人机工程学考核评价； 从考核资料的分析等来决定变更设计	设计图阶段的评价； 模型或操纵训练用模拟装置的人机关系评价； 评价基准的设定（包含考核方法、资料的种类、分析方法等）； 安全性、舒适性、对士气和情绪的影响等的评价； 机器的设计变更，使用顺序的变更； 人的作业内容的变更，人员、设备和训练方式的改善等的建议，系统计划内的调整
生产	生产	以上几项为准	以上几项为准
运用	运用、维护	以上几项为准	以上几项为准

个基本问题，以求得满足系统总体化方案。要点如下：

①功能分配。在人机系统中，把已定义的系统功能按照一定的分配原则，合理地分配给人和机器。充分发挥人与机械各自的特长，互补所短，以达到人机系统整体的最佳效率与总体功能，这是人机系统设计的基础。

人机功能分配必须建立在对人和机械特性充分分析比较的基础上，一般来说，灵活多变、指令程序编制、系统监控、维修排除故障、设计、创造、辨认、调整，以及应付突发事件等工作应由人承担。速度快、精密度高、规律性的、长时间的重复操作、高阶运算、危险和笨重的工作，则应由机械来承担。随着科学技术的发展，在人机系统中，人的工作将逐渐由机械所替代，从而使人逐渐从各种不利于发挥人的特长的工作岗位上得到解放。

在人机系统设计中，对人和机械进行功能分配，主要考虑的是系统的整体效能、可靠性和成本。人机功能分配的结果形成了由人、机共同作用而实现的人机系统功能。现代人机系统的功能包括信息接收、储存、处理、反馈和输入输出以及执行等。

②人机关系匹配。在复杂的人机系统中，人、机都是子系统，为使人机系统总体性能最优，必须使机械设备与操作者之间达到最佳的配合，即达到最佳的人机匹配。人机匹配包括显示器与人的信息通道特性的匹配，控制器与人体运动特性的匹配，显示器与控制器之间的匹配，环境（气温、噪声、振动和照明等）与操作者适应性的

匹配，人、机及环境要素与作业之间的匹配等。

要选用最有利于发挥人的能力、提高人的操作可靠性的匹配方式来进行设计。应充分考虑有利于人能很好地完成任务，既能减轻人的负担，又能改善人的工作条件。例如，设计控制与显示装置时，必须研究人的生理、心理特点，了解感觉器官功能的限度和能力，以及使用时可能出现的疲劳程度，以保证人、机之间最佳的协调。随着人机系统现代化程度的提高，脑力作业及心理紧张性作业的负荷加重，这将成为突出的问题，在这种情况下，往往导致重大事故的发生。

在设备设计中，必须考虑人的因素，使人既舒适又高效地工作。随着计算机的不断发展，将会使人机配合、人机对话进入新的阶段，使人机系统形成一种新的组合形式——人与智能机的结合，人类智能与人工智能的结合，人与机械的结合，从而使人在人机系统中处于新的主导地位。

③人机界面设计。在人机系统中，人机界面是连接人与机器的重要通道。在设计中必须解决好两个主要问题，即人获取信息和人控制机械。人控制机器主要是指控制器要适合于人的操作，应考虑人进行操作时的空间与控制器的配置。例如，采用坐姿脚动的控制器，其配置必须考虑脚的最佳活动空间；采用手动控制器就必须考虑手的活动空间。人获取信息主要是指显示器如何与控制器相匹配，使人在操作时观察方便，判断迅速、准确。

人机界面设计主要是指显示、控制，以及它们之间的关系设计。作业空间设计、作业分析等也是人机界面设计的内容。具体的人机界面设计内容放在下一章节讲述，这里只需了解控制与显示系统的设计原则：

A.优先性。即把最重要的操纵器和显示器配置在最佳的作业范围内。

B.功能性。即根据操纵器和显示器的功能进行适当的划分，把相同的功能配置在同一分区内。

C.关联性。即按操纵器和显示器间的对应关系来配置。

4.3 人机系统检查

人机系统的评价方法通常分为三类：实验法、模拟装置法和实际运行测定法，其各自有自己的优缺点。但在对人机系统作初步定性评价时，一种较为普遍的方法是用核查表的形式进行检查，虽然不是十分完美，但易操作、简单实用。

我们主要以日本人的核查表为参照，日本人机学会研究了国际人机学会的方案，修改了许多不够妥当的地方。全文共分九大部分，内容繁多，现摘录如下：

（1）前文

①作业过程名称、目的，作业者的主要任务。

②全部作业人员数，同时作业人员数，作业人员的性别年龄。

（2）作业空间

①尽量使作业人员避免不必要的步行或升降移动。

②避免长时间站立。

③不频繁出现前屈姿势。

④作业有足够空间采取舒适的姿势。

⑤有足够的空间变换姿势。

⑥地面尽量平整，没有凹凸的地方。

⑦地面的硬度、弹性适当。

⑧不必始终站立的作业，应放置椅子或其他支持物。

⑨必要时设置脚垫。

⑩出入口有适当高度和宽度。

（3）操作具

①需要快速、准确地操作，用手操作。

②操作具放置在手能摸到的范围内。

③操作具按系统分类。

④紧急用的操作具，除了必须配备以外，还要在形状、大小、颜色上容易识别。

⑤手操作的前后、左右、上下方向与机械动作的方向一致。

⑥需要敏捷的操作及幅度大的操作，利用按钮。

⑦原则上双手都被占用的时候才用脚操作。

⑧避免站着进行脚踏作业。

（4）信息源

① 对作业操作上的必要信息，不过多也不过少。

② 为判别视觉对象及进行作业，作业面的照度应达到照明标准要求。

③警告指示灯置于引人注目的地方。

④操作的手不妨碍观察仪器表盘。

⑤标志简单明了。

⑥动作联络信号标准化。

⑦噪声不妨碍作业必要的对话。

⑧必要时，触摸一下操作具的形状和大小就可以将它们区别开来。

⑨除了紧急危险信号外，避免有令人不快的气味。

（5）作业方法

①必要的动作有足够的空间。

②只有必要时才用人力移动物件。

③不同的信息尽量避免在同一地方显示。

④每个作业人员对控制盘的操作范围要适宜。

⑤作业人员对错误接受信号的结果能立即觉察到。

⑥作业中有人员的自然休息时间。

⑦共同的作业分工明确，互相联络良好。

⑧按规定设置非常出口，并标志清楚。

（6）环境因素

①气温适宜，作业舒适。

②整体照明与局部照明对比适当。

③对噪声有隔声、消声等有效措施。

④振动工具的振动不妨害作业。

⑤尽量抑制粉尘飞扬。

⑥作业者不受放射线照射。

⑦采取适当手段使有害物质不伤害皮肤。

⑧有防范风雨、雷击、地震等自然灾害的设施。

⑨妥善地维护和管理保护用具。

（7）作业组织

①作业者担当的工序及一天的作业量要适当。

②在同一工种中，不使部分人的作业负担偏重。

③进行医学检查，不安排医学上不适于作业的人工作。

④不出现反复频繁地做同一作业而负担过重的情况。

⑤充分保证包括用餐在内的休息时间。

⑥不连续数天深夜工作。

⑦遵守妇女、少年就业限制的有关规定。

⑧人人明确发生灾害时的救急体制和必要措施。

⑨定期进行环境检测。

(8) 作业者的综合负担

①作业不促使呼吸困难和呼吸不适。

②一个工作日的能量代谢率不过大。

③不过分要求持续紧张，以免成为痛苦和失误的原因。

④工作的单调性不会造成精神痛苦。

⑤作业内容、作业方法不会影响人的身体健康。

⑥对作业的不适应不会成为人的安全、健康方面的问题。

⑦疾病和缺勤的统计运用于卫生管理上。

⑧在作业负担规定中，特别照顾身体有缺陷的人。

(9) 综合检查

①有计划地维修机械设备，使机械设备故障很少出现。

②作业者之间的联络良好，不致成为重大祸因。

③尽量考虑即使突然发生事故，作业者也不会继续酿成重大事故。

④能够充分应付紧急事态，进行必要的训练。

⑤随着作业时间的变化，能改变作业的流程和Aw配备。

⑥作业操作的频度及持续时间，不超过作业者的操作能力。

以上是日本人机学会的人机学核查表梗概。对照核查表核查人一机一环境系统时，只要求回答“是”“否”或“不适用”三种情况。这个核查表要求先核查第2—8部分，再核查第9部分，然后返回来从头讨论并进行综合评定。人机学核查表能发现人一机一环境系统中存在的问题，从而掌握要改进的内容及其要素，因此值得借鉴。

5 人机界面设计

人机界面的信息传递是通过人和机器的输入系统和输出系统来实现的。显示器将机器工作的信息传递给人，人通过各种感觉器官接受信息，实现机—人信息传递。人机界面设计的目的是实现人机系统优化，即提高系统的效率、可靠性，并有利于人的安全、健康和舒适，系统中人的因素是设计的主要依据。

5.1 人机界面概述

如图5-1所示，人与机之间存在一个互相作用的“面”（图中虚线所示），所有人机交流的信息都发生在这个作用面上，通常称为人机界面。在人机系统中，人与机器是相互作用和相互制约的两个部分。在人机交互过程中，人与机器发生关系的只是它们的人机界面部分。

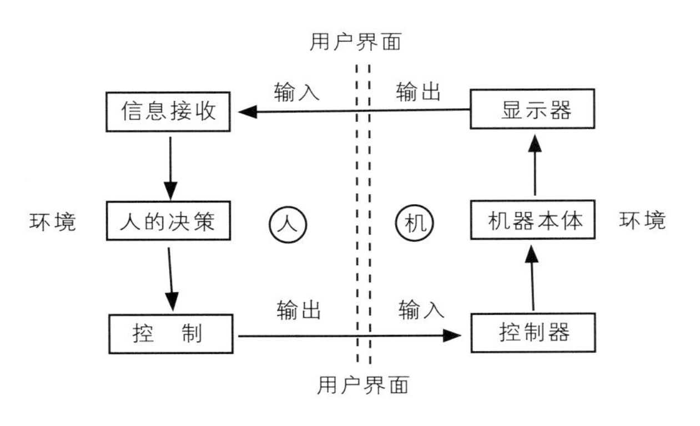

图5-1　人机界面示意图

人机界面的信息传递是通过人和机器的输入系统（感觉器官、控制器）和输出系统（运动器官、显示器）来实现的。显示器将机器工作的信息传递给人，人通过各种感觉器官（视觉、听觉、触觉等）接受信息，实现机—人信息传递。大脑对信息进行处理、加工、决策，然后作出反应，通过控制器传递给机器，实现人—机信息传递。因此，人机界面的设计主要是指显示、控制以及它们之间关系的设计，要使人机界面符合人机信息交流的规律和特性。

人机界面设计的目的是实现人机系统优化，即提高系统的效率、可靠性，并有利于人的安全、健康和舒适，系统中人的因素是设计的主要依据。

5.2 显示装置设计

图5-2 盲人用手机，主要靠触觉传达信息

在人机系统中，通过人的感觉器官向人传递信息的机器装置称为显示器。根据人接收信息通道的不同，显示器可分为视觉显示器、听觉显示器、触觉显示器和嗅觉显示器等，如图5 -2所示，其中以视觉显示器和听觉显示器最为广泛。其主要形式有以下几个方面：方向的变化重复、位置的变化重复、透叠的变化重复。

5.2.1 人的视觉特征

人有约80%以上的信息是由视觉获得的。因此，视觉是信息处理中最重要的感觉通道。视觉显示装置在人机界面中应用最为重要和普遍。因此，对人视觉特征的了解是我们进行视觉显示装置设计的基础。

(1) 人眼的结构

人眼的结构如图5-3所示。

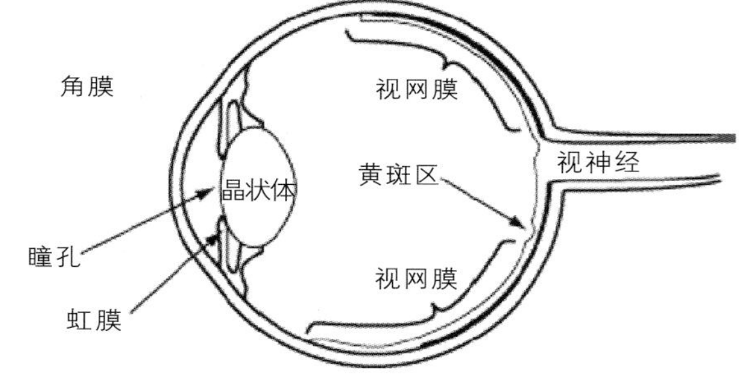

图5-3 人眼结构示意图

(2) 视野与视距

视野指头部、眼球固定不动时所能看到的空间范围，可分为动视野、静视野和注视野。动视野是头部固定不动，自由转动眼球时的可见范围；静视野是头部固定不动时在眼球静止不动状态下的自然可见范围；而注视野是头部固定不动，转动眼球而只盯视某中心时的可见范围。

正常人在各种工作时的视力范围比视野要小。因为视力范围是要求能迅速、清晰地看清目标细节的范围，只能是视野的一部分。例如，在垂直方向的视野中，立姿时视线方向在视轴以下10°；坐姿时视线方向在视轴以下15°；而当视角为30°～40°时，可以迅速而有效地扫视，称为有效视力范围。所以，该范围是布置机器装置最适宜的范围。如图5-4、图5-5所示。

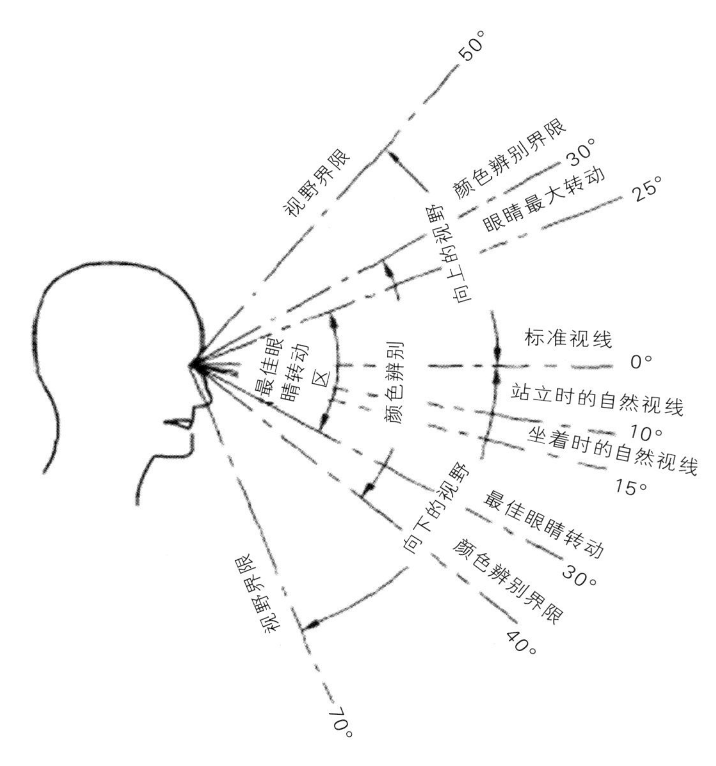

图5-4　人的垂直视野

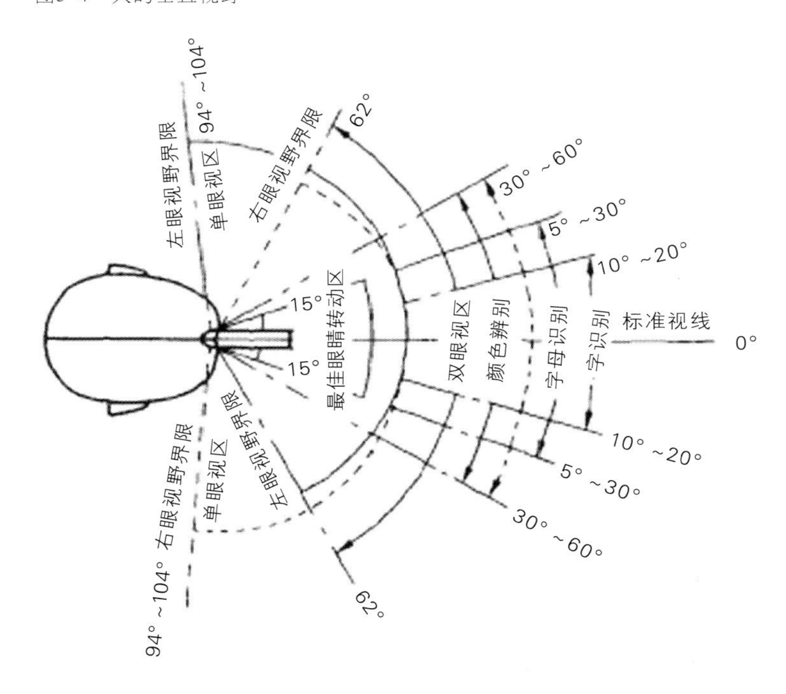

图5-5　人的水平视野

(3) 视角与视力

视角是确定被看物尺寸范围的两端点光线射入眼球的相交角度。眼睛能分辨被看物体最近两点的视角称为临界视角。视力是眼睛分辨物体细微结构能力的生理尺度，以临界视角的倒数来表示。视力范围与目标距离有关。经测试，目标在560 mm处最为适宜，低于380 mm时会发生目眩，而超过760 mm时细节看不清。通常人观察显示器的视距为380～760 mm。

(4) 色觉与色视野

视网膜能分辨180多种颜色，在波长380～780 nm可见光谱中，光波相差3 nm可被人眼分辨。人眼分辨不同颜色的常用光的三原色即“红、绿、蓝”，在正常亮度条件下，人眼对白色的视野最大，对黄色、蓝色、红色视野依次减小，绿色视野最小。在设计显示装置时应该选择合适的光源，以便于人眼准确、快速获取信息。

5.2.2 视觉显示器的类型及设计原则

(1) 视觉显示器的类型

视觉显示器是指依靠光波作用于人眼向人提供外界信息的装置。视觉显示器的形式多种多样，简单的如红绿灯、指路牌等，复杂的如计算机的显示器、汽车驾驶仪表等。无论是何种形式的视觉显示器，都有一个共同点，即都必须通过可见光作用于人的眼睛才能达到信息传达的目的。

视觉显示器可以有不同的分类。按显示状态可分为：

①静态显示器。该类显示器适用于显示长时间内稳定不变的信息，如传递人类的某种知识经验或显示机器物件的结构状态等，像我们常见的图表、指示牌印刷品、导向牌等就属于这类显示器，如图5 -6所示。

②动态显示器。该类显示器适用于显示信息的变化状态，如速度、高度、压力、时间等各种信息的动态参数，像钟表、荧屏、雷达等都属于这类显示器，如图5-7所示。

按显示信息的认读特征可分为：

①数字显示器。数字显示中有机械式、液晶式和屏幕式，它们直接用数码来显示有关参数和工作状态。具有简洁明了、信息丰富、组合方便等优点，如计算器、电子表及列车运行的时间显示屏幕等都是这种显示器。如图5-8a、图5-8b所示。

图5-6　广场导向牌，具有静态显示信息的功能

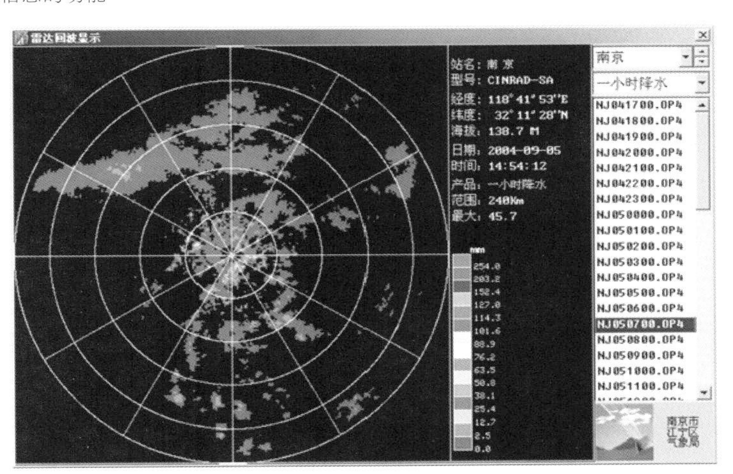

图5-7　雷达监控，具有动态显示信息的功能

图5-8a　数字计算器

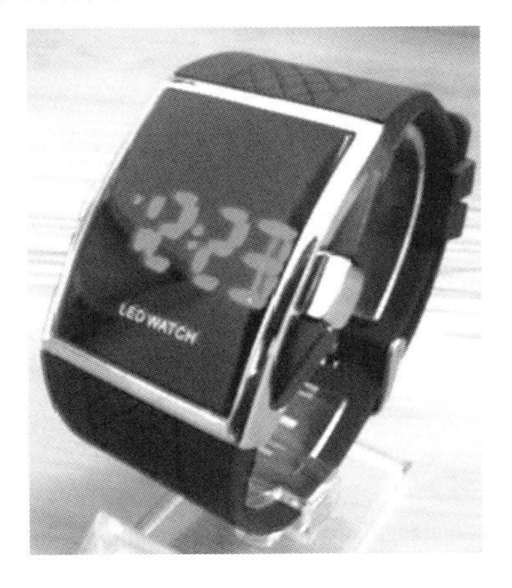

图5-8b　电子表

②模拟显示器。这类显示器显示的信息形象化、直观，使人对模拟值在全量程范围内所处的位置一目了然，并能给出偏差量，对于监控作业效果很好。如钟表、汽车上的油量表、氧气瓶上的压力表都是这种显示器。它用模拟量来显示机器的有关参数和状态，如图5-9a、图5-9b所示。

图5-9a　手表

图5-9b　汽车油表

（2）视觉显示器的设计原则

①鲜明醒目，清晰可辨。能使显示的对象引人注意，容易与背景区分开来，图案、形状等与底板间的分辨能力高，颜色和明度反差恰当，显示器的大小、形状不会因照明角度而发生畸变，认读无幻影影响精度。对观察距离、观察角度、显示符号的大小给予最佳处理。在布置视觉显示装置时，显示信息的表面尽可能与观察者视线垂直，以保证获得最高的观察精度，一般显示器表面可按70°～80°的观察角布置，如图5-10a、图5-10b所示。

图5-10a　家用电话信息显示区域采用倾斜布置方式

图5-10b　银行终端机信息显示区域采用倾斜布置方式

②布置仪表时，视距最好为560～750 mm。大约24°时水平视野范围为最佳视觉工作区。仪表的分布原则为一般布置在20°～40°的水平视野范围内，最重要的仪表应设置在视野中心3°范围内，40°～60°只允许布置次要的仪表，除了不常用和不重要的仪表外，一般不宜在80°水平视野之外，如图5-11所示。

图5-11　汽车仪表盘布置紧凑，一般倾斜布置在20°～40°的水平视野范围，以保证信息获取的准确性

③简洁明了。尽量减少装饰，或采用不易引起误解的装饰，一切装饰都必须以有利于认读、减少差错、提高效率为目的。

④确保安全。对重要的显示器，应设置仪表失效警告装置。

⑤考虑视力缺陷者。使视力有缺陷者（弱视、色弱）也不会误认。

5.2.3　仪表类显示装置设计

(1) 仪表类型的选用原则

仪表是应用最多的一种视觉显示器。仪表的类型很多，常见的是数字式仪表和指针刻度式仪表，按照其显示功能可分为：读数用仪表、检查用仪表、警戒用仪表、追踪用仪表和调节用仪表。在选择和设计仪表时，必须明确仪表的功能，并分析哪些功能最重要，以此来确定合适的仪表指针方式。总的要求是快速、准确地传达某种信息，具体选用标准如表5-1所示。

(2) 仪表的人体工程学设计原则

①准确性原则。仪表显示的目的是为了使人能准确地获得机器的信息，正确地

控制机器设备，避免事故。因此，仪表显示设计应以人的视觉特征为依据，确保使用者迅速准确地获取所需信息，尤其供数量认读的仪表设计应尽量使读数准确。读数的准确性可通过仪表类型、形状、大小、颜色匹配、刻度、标记等的设计加以解决。同时，显示的精确程度应与人的辨别能力、认读特征、舒适性和系统功能要求相适应。

表5-1　不同类型的功能比较

类型 功能	指针刻度式仪表		数字式仪表
	指针运动式	指针固定式	
读数用	一般	一般	好
检查用	好	差	差
追踪用	好	一般	差
调节用	好	一般	好

②简洁性原则。仪表的显示格式应简洁明了，显示意义明确易懂，以利于使用者正确理解。因此，仪表显示的信息种类和数目不宜过多，同样的参数应尽可能采用同一种显示方式，以减少译码的时间和错误。

③对比性原则。仪表的指针、刻度标记、字符等与刻度盘之间在形状、尺度等方面应保持适当的对比关系，以使目标清晰可辨。一般目标应有确定的形状、较强的亮度和鲜明的颜色，而背景相对于目标应亮度较低、颜色较暗。

④兼容性原则。应使仪表的指针运动方向与机器本身或者相应的控制器的运动方向相兼容。如仪表刻度的数值增加，就表示机器作用力增加或者运转速度加快，仪表的指针旋转方向应与机器的旋转方向一致。此外，各个国家、地区行业所使用的信息编码应尽可能统一和标准化，做到相互兼容。

⑤排列性原则。同时使用多个仪表时，各仪表之间的排列应遵循以下原则：

A.重要性和使用频率原则。最主要的和最常用的仪表应尽可能安排在中央视野范围之内，因为在这一视野范围内，人的视觉效率最优，也最能引起人的注意。

B.功能性原则。仪表数量众多时，应当按照它们的功能分区排列，区与区之间应有明显的区分。

C.接近性原则。仪表应尽量靠近，以缩小视野范围。

D.一致性原则。仪表的空间排列顺序应与它在实际操作中的使用顺序相一致，功能上有相互联系的仪表应靠近排列。此外，排列仪表时应照顾它们彼此之间的内在逻辑关系。

E.适应性原则。仪表的排列应当适合人的视觉特征。例如，人眼的水平运动比垂直运动快而且范围广，因此，仪表的水平排列范围应比垂直方向大。另外，由于人眼的视觉机能不完全对称，在偏离“中央凹”同样距离的视野范围内，眼睛的视觉观察效率依次为左上、右上、左下、右下象限，在排列仪表时，应注意这一点。

如图5-12所示，奥迪Q7仪表板多个仪表排布在一起时，须将最重要、使用最多的仪表排布在中央视野范围内，从而方便操作者观察。

图5-12　奥迪Q7仪表板

（3）仪表的设计细则

在设计仪表时，主要是设计和选择好刻度盘、指针、字符和色彩等因素，并使它们之间相协调，以符合人对于信息的感受、辨别和理解等，使人能迅速而又准确地接收信息。仪表细部设计时所要考虑的人机要素主要有以下几点：

①使用者与仪表之间的观察距离。

②根据使用者所处的观察位置，尽可能使仪表布置在最佳视区内。

③选择有利于显示与认读的形式，以及考虑颜色和照明条件。

5.3 控制系统设计

在人机系统中，控制系统是指通过人的直接或间接动作使机器启动、停止或改变运行状态的各种元件、器件、部件、机械以及它们的组合等环节。其基本功能是指操作者的响应输出转换成机器设备的输入信息，进而控制机器设备的运行状态。

操纵装置是人机系统的重要组成部分，其设计是否得当，关系到整个系统能否正常安全运行。其必须具有两方面的特点：一是材料质地优良，功能合适；二是适合于操作者使用，使操作者能方便安全、省力和有效地使用。要满足这些要求，就必须把控制器的大小、控制力量、位置安排、形状特点、操作方法等因素与人的身心、行为特点相匹配。如图5-13所示的汽车变速器控制杆和手制动。

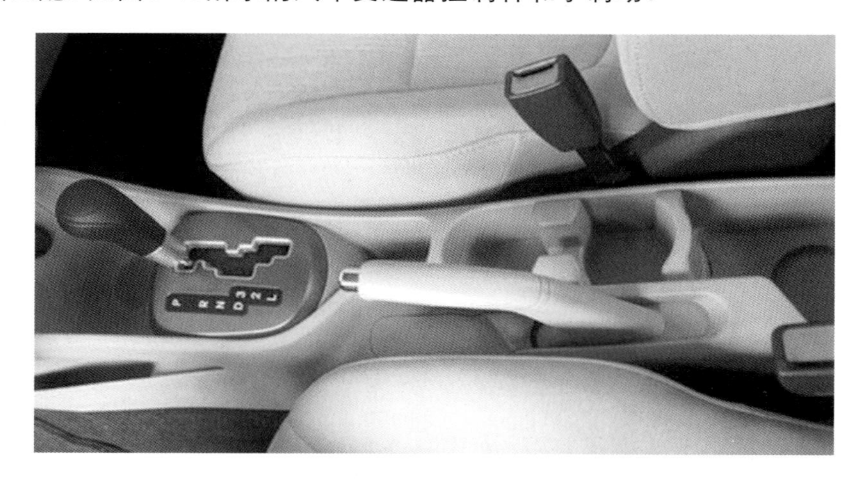

图5-13 汽车变速器控制杆和手制动

5.3.1 操纵装置的类型

(1) 按人体操作部位的不同

操纵装置按人体操作部位的不同可分为手控操纵装置（如旋钮、按钮、手柄、操纵杆等）和脚控操纵装置（如脚踏板、脚踏钮等）两大类。手控操纵方式有手指接触、手接触、手捏住、手握住等；脚控操纵的方式有整个脚踏、脚掌踏、脚跟踏等。

(2) 按功能分类

①开关控制。只使用开或关就能实现启动或停止的操纵装置，如按钮、踏板、手柄等。

②转换控制。用于将一种工作状态转换成另一种工作状态的操纵装置，如选择

开关、选择按钮等。

③调整控制。使用这种操纵装置可以使系统的工作参数稳定地增加或减少，如按钮、操纵盘等。

④制动控制。用于紧急状态下的启动或停止的操纵控制，要求可靠性强、灵敏度高，如制动闸、操纵杆、手柄和按钮等。

5.3.2 操纵装置的选择

要选择操纵装置，需要首先了解下列方面的问题。即操纵作业的要求、操纵装置的功能特点、操纵装置安装场地的特点以及操作装置的安全要求等。以此为基础，可按下列原则选择：

①需要作出快速、精确的控制时，应选用手控操纵装置，手控装置应安排在肘、肩高度之间的容易接触到距离处，并要易于看到；需要大的或持续向前力、精度要求不高时，选用脚控操纵装置。但每次同时采用的脚控操纵装置不宜多于2个，并且只能采用纵向用力或用踝部弯曲运动进行操作的脚控操纵装置。

②操纵装置的操作运动与显示装置的显示运动在位置和方向上有关联的场合，适合采用线性运动或旋转运动的操纵装置。

③需要在整个操纵范围内进行精确操纵的场合，宜选用多圈转动的操纵装置。

④操纵杆、曲柄、手轮及脚操纵装置适用于费力、低精度和幅度大的操作。

5.3.3 操纵装置的人体工程学设计原则

控制器的形式和功能很多，每种控制器都要根据使用的具体要求加以设计。不管何种控制器，设计时都应遵循一条基本原则：控制器的外形、结构和使用方法等必须和使用者的身心行为特点相适应，也就是说要根据人的特点去设计控制器。

（1）应根据人体测量数据、生物力学以及人体运动特征进行设计

控制器的外形尺寸要与使用者操作器官的形体尺寸相匹配。例如，手握呈圆弧形，因此一般将手控制器设计成圆形或圆柱形而非方形或其他形状，足控制器则要设计成平板形而不是圆形，这也是由足的结构特点决定的，如图5 -14所示。

由于手的操作灵活，因此一般采用手控或指控控制器来进行迅速而精确的操作，如按钮、按键、扳动开关等；而手臂或下肢操作的控制器则用来进行用力较大但不太精确的操作，如脚踏板等。

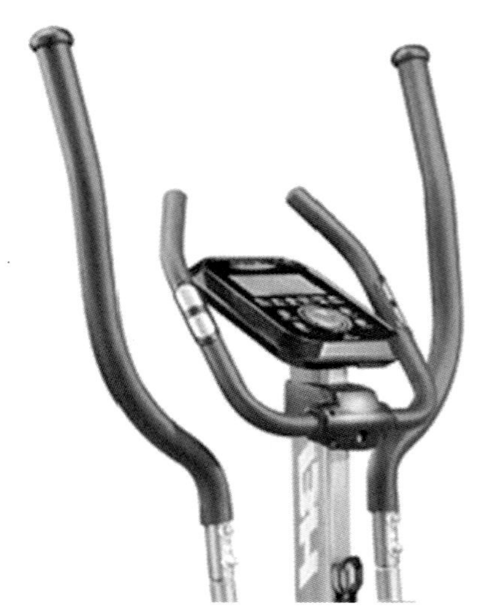
图5-14　椭圆形手柄握感较好，有助于手操作时把握方向

控制器的位置安排也要与使用者的上、下肢的活动能力范围相适应，最好把控制器放置在不需要操作者移动身体就能触及的空间范围内。

（2）控制器编码设计要适宜

为避免控制系统中众多控制器的相互混淆，便于区别、记忆和感受信息，提高操作绩效，防止误操作，减少训练时间和反应时间，要根据人的认知特点，对控制器进行编码。具体的编码形式如下：

①形态编码——根据控制器的用途，把控制器设计成不同的形状，便于人们从视觉和触觉上区分。其形态设计应简洁，尽量与其功能特点相吻合，便于人们识别控制器的功能和用途，如图5-15a、图5-15b所示。

图5-15a　手机按键在形态上有微小的变化

图5-15b　遥控器根据功能区别采用不同的形态进行编码

②大小编码——形状相同的控制器可以通过大小的不同来区别其功能和用途，其应用范围较小，通常在同一系统中只能设计大、中、小三种规格。由于大小编码在视觉和触觉方面的感知度较小，因此常与其他形式编码一起使用，如图5-16所示。

③位置编码——通常位置编码的控制器数量不多，并需与人的操作顺序和操作习惯相一致，这样可以使人不用眼看就能进行正确的操作。如汽车的离合器、油门、刹车等踏板，计算机的键盘等，如图5-17a、图5-17b所示。

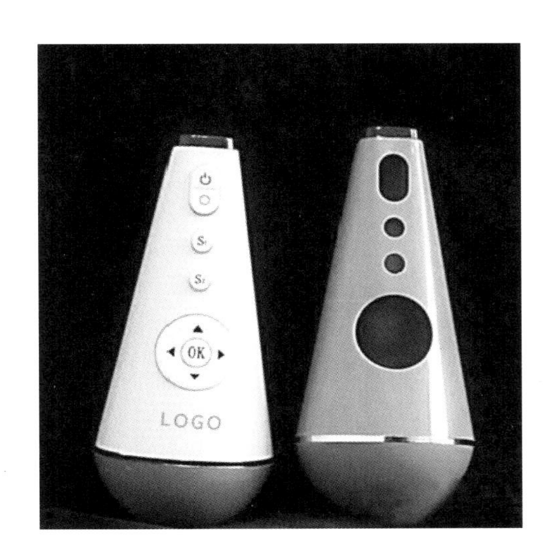

图5-16 | 图5-17a
图5-17b

图5-16　开关按键形态相同，主要通过大小进行编码
图5-17a　手机按键按全键盘字母位置编排
图5-17b　计算器数字按三列四行的布置方式设置，符合人的操作习惯

④色彩编码——就是利用色彩来区别控制器的功能。其往往和形状编码、大小编码等合并使用。由于色彩的识别是通过视觉器官感知的，因此可以辅以不同的色光照明，以增强视认度，如图5-18a、图5-18b所示。

图5-18a 用色彩对数字键进行强调，便于操作

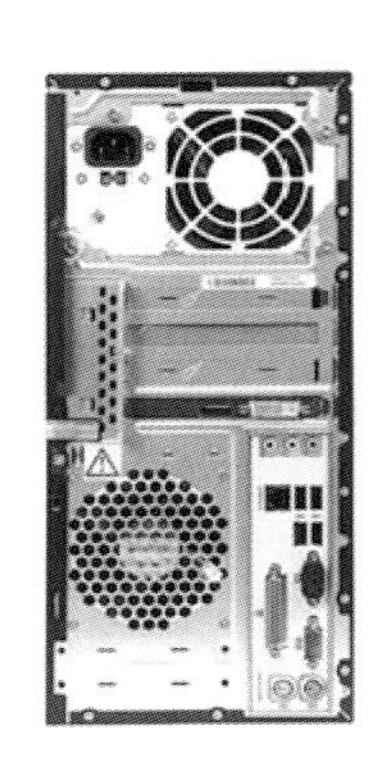

图5-18b 主机接口用不同的色彩便于区分

⑤符号编码——通过标以不同的文字或图形符号以区别不同的控制器。其示意性的符号直观易懂，简化了大脑译码的过程，因此效率和准确度都较高。在设计符号编码时，力求简洁、易认，如图5-19所示。

图5-19 遥控器按键上加上了符号或文字，便于识别、操作

(3) 保证控制器操作方式有一定的信息反馈

设计控制器时，应考虑通过一定的操作信息反馈方式，使操作者获得关于操作控制器结果的信息。操作者可从反馈信息中判断自己操作的力度是否恰当，还可从反馈信息中发现操作上的无意差错而及时加以纠正。

(4) 防止控制器的无意启动

在操作过程中，由于操作者的无意碰撞或牵动控制器或外界振动等而引起的控制器的偶发启动，有些重大事故就是由这类偶发启动造成的。因此，在设计控制器时应考虑这类偶发启动的可能性，并力求使这种可能性减到最小，如图5-20所示。

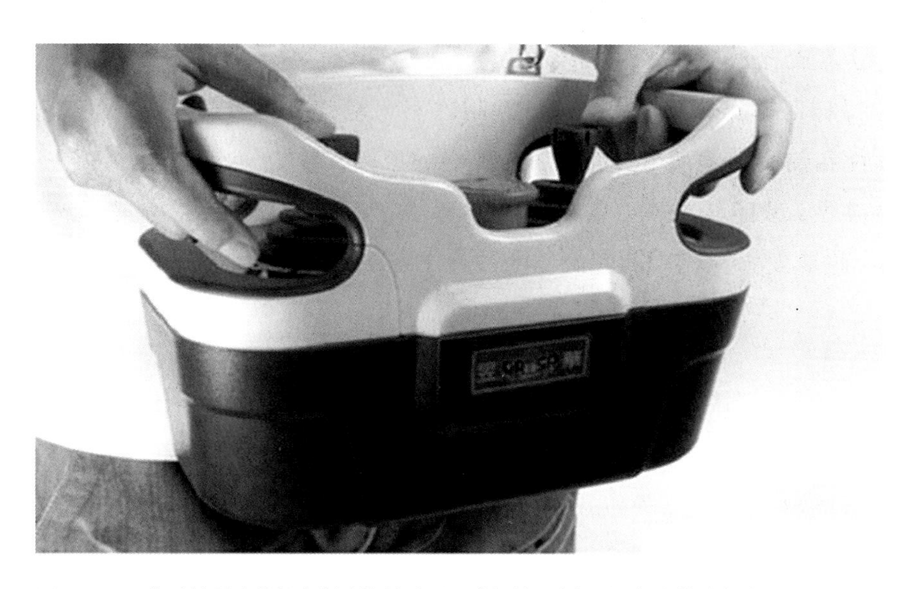

图5-20　工业遥控器中的红色制动按键采用下陷设计，避免了偶发事故的发生

(5) 其他原则

在设计和选用控制器时，除了按照上述原则外，还应注意以下几点：

①尽量利用控制器结构特点进行控制（如利用弹簧、杠杠原理）或借助操作者身体部位的重力（如脚踏开关）进行控制。对重复性或连续性的控制操作，应尽量使身体用力均匀，以防产生单调感和疲劳感。

②使操作者采用自然的姿势与动作就能完成控制任务。

③尽量设计和选用多功能控制器，如计算机的多功能鼠标和游戏方向盘，以节省空间，减少手的运动和操作的复杂性，加强视觉与触觉辨认，如图5-21所示。

图5-21　多功能鼠标

④尽量使控制器的运动方向与产品的被控方向相一致，即实现控制与显示的相合性。

⑤具有危险性的控制器要用标记标出，并且提供较大的活动空间。

5.3.4　操纵装置——控制器的排列

控制器应安放在最有利于操作的地方。复杂的机器一般有很多控制器，众多的控制器集中在一起，就要按照一定的原则对其加以排列。

(1) 位置安排的优先权

最佳操作区毕竟十分有限，多个控制器不可能都安排在里面，我们应根据控制器的重要性和使用频率两个方面去决定它们的排列优先权。

①重要性。按照控制器对实现系统的重要程度来决定位置安排的优先权。控制器越重要，越要安排在最有利于操作的位置上，如图5-22所示。

图5-22　游戏控制器按键根据其重要性在位置上有优先权

图5-23　手机根据功能的相似进行了分区，这样更易于识别、记忆和使用

②使用频率。按照控制器在完成任务中使用次数的多少决定其位置安排的优先权，把使用频次最多的控制器安置在最有利于操作的位置上。

(2) 功能分区与顺序排列

为了减少记忆控制器位置的负荷和搜索时间，控制器的位置可按功能分区或使用顺序排列。

①功能分区原则。功能分区包括两个方面：一是具有相同功能的控制器或者所有与某一子系统相联系的控制器，在位置上构成一个功能整体；二是所有同类设备上功能相近的控制器应安放在控制板相对一致的位置上，如图5-23所示。

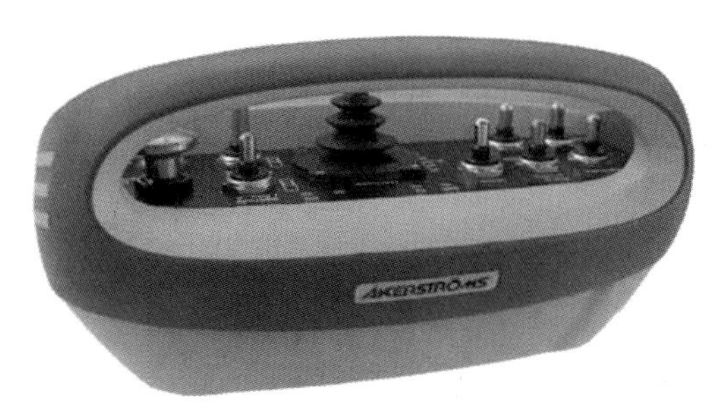

图5-24　工业控制器的控制杆按照操作顺序进行布置，更易于准确操作

②使用顺序原则。如果控制板上的控制器具有固定的操作顺序，那么它们的位置就可以按其操作顺序从左至右或从上而下进行排列。按功能分区的控制器，若同一功能的被控对象数量较多，也可按被控对象的位置序列排列控制器，如图5-24所示。

5.3.5　常用手控操纵装置的设计

手控操纵装置包括旋转式操纵装置、移动式操纵装置、按压式操纵装置等。

常用的手控旋转式装置有旋钮、手轮、摇柄、舵轮等，常用的手控移动式操纵装置有操纵杆、手闸、扳钮开关和指拨滑块等。按压式操纵装置按其外形和使用情况，大体上分为按钮和按键两类，它们一般只有两种工作状态，如“接通”与“切断”，“开”与“关”，“启动”与“停车”等。

(1) 旋钮的设计

旋钮通常都是用单手操作。按其使用功能可分为：多级连续旋转旋钮(控制范围超过360°)、间隔旋转旋钮（按制范围不超过360°）、定位指示旋钮（旋钮的操纵受临界位置的定位控制）三类。前两类用于传递一般信息，第三类用于传递重要的信息。设计旋钮时，通常利用形状和触觉肌理等方面的差异来提高识别性。

例如，旋转角度超过360°的多级旋转旋钮，其外形宜设计成圆柱形或锥台形，如图5-25所示；旋转角度小于360°的间隔旋转旋钮，其外形宜设计成接近圆柱形的多边形；定位指示旋钮，则宜设计成简洁的指针形，以指明刻度位置或工作状态，如图5-26所示。

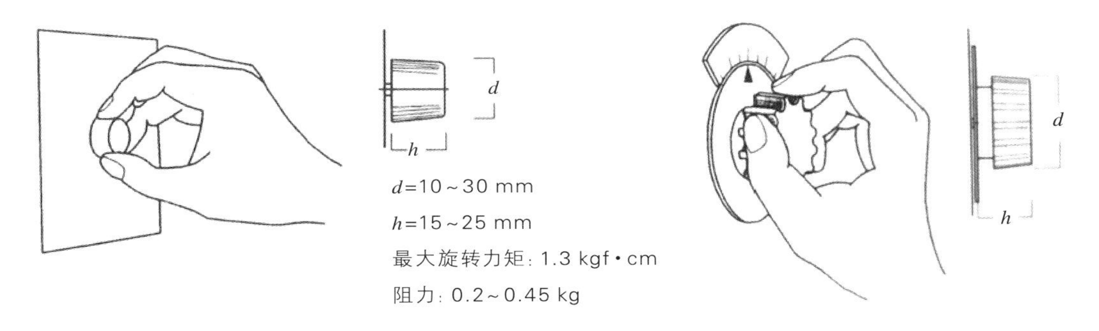

图5-25　旋转角度超过360°的多级旋转旋钮示意图　　图5-26　定位指示旋钮

旋钮的大小。旋钮的大小取决于它的功能和转动力矩的大小，用于微调旋钮或转力矩小的旋钮应设计得小一些，用于粗调的旋钮或转力矩大的旋钮应设计得大一些，不管在何种情况下，旋钮的大小要设计成使手指与旋钮轮缘有足够的接触面，便于手指捏紧和施力以及保证操作的速度和准确性。

在需要做精细调节并要求有一定的转力矩的情形下，旋钮面应大到使5根手指都能够放在轮缘上。因此，旋钮的直径不宜太小，但也不宜太大。如果由于空间的限制，旋钮面较小，应适当增加旋钮高度，以增大手指与轮缘的接触面。

（2）按钮的设计

按钮属于按压式手控制器，一般只有两种工作状态，如“接通”与“断开”、“开”与“关”、“启动”与“停止”等。

①按钮的形状和尺寸。按钮通常用于产品或者系统的开启和关停，其外形一般为圆形和矩形，有的还带有信号灯，以便让使用者更清楚地了解显示状态。为使操作方便，按钮表面宜设计成凹形，以符合手指的表面形状，如图5-27所示。

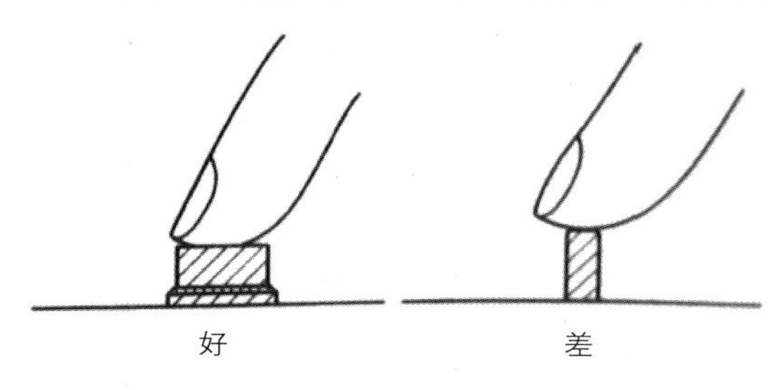

图5-27　按钮的形状和尺寸示意图

按钮的尺寸应根据人的手指端的尺寸和操作要求而定。用食指按压的圆形按钮，直径以8～18 mm为宜，方形按钮的边长为10～20 mm，矩形按钮则以10 mm×10 mm，10 mm×15 mm或15 mm×20 mm为宜，压入深度为5～20 mm，压力为5～15 N。用拇指按压的圆形按钮，直径宜为25～30 mm，压力为10～20 N；用手掌按压的圆形按钮，直径为30～50 mm，压入深度为10 mm，压力为100～150 No按钮应高出盘面5～12 m，行程为3～6 mm，按钮间距为12.5～25 mm，最小不得小于6 mm。

②按钮的颜色。按钮可根据其使用功能对其进行颜色编码。如红色按钮表示“停止”“断电”或“事故发生”。“启动”“通过”首选绿色按钮，也可使用白色、灰色或黑色按钮。对于连续按压后改变功能的按钮，如电吹风上的按钮，一般分为两个大小不同的级别，宜采用黑色、白色或灰色，或与产品本身色彩相一致的颜色，如图5-28所示。如电灯开关按钮，则宜采用白色、黑色，忌用红色，但可在按钮上标上红色或绿色标记。单一功能的复位按钮，可用蓝色、黑色、白色或灰色；对同时具有“停止”或“断电”功能的按钮应采用红色，如图5-29所示。

（3）手柄设计

对手柄设计的基本要求是手握舒适、施力方便、不打滑、动作可控制。手柄的形态和尺寸应根据手的结构和生理特征进行设计，应尽量减轻掌心和指骨间肌的受力，保证掌心不长期受压受震。除了形状和尺寸因素外，还应对手柄的操作力进行恰当的设定，如图5-30所示。

图5-28 具有大小不同级别的单独按钮，宜采用黑色、白色或灰色，或与产品本身色彩相一致的颜色

图5-29 电灯开关按键配色

图5-30 汽车变速杆手柄

5.4 显示系统与控制系统综合设计的方法

5.4.1 控制器和显示器的协调性

一个复杂的人机系统，往往在较小的空间内集中排列了多个显示器和控制器。为了便于认读和操作，布置控制器和显示器时，不仅应使其各自的性能最优，而且应使

它们彼此之间的配合最优，从而减少信息加工和操作的复杂性，缩短反应时间，提高操作速度。因此，机器、设备的显示器与控制器在大多数情况下相互关联，我们把这种显示与控制之间的相互关联称为控制一显示的协调性。

（1）运动协调性

控制器的运动方向与相应显示器的运动方向符合人的习惯模式时，对于提高操作质量、减轻人的疲劳，尤其是对于防止人在紧急情况下的误操作，具有重要意义。控制器与显示器的运动方向一致，操作起来速度快、错误少，两者运动方向不一致，容易发生差错。

控制器与显示器的运动相合性主要有以下几种情形：

①位于同一平面上的圆形显示器指针的旋转方向应与旋钮同方向旋转。指针从左至右以及旋钮顺时针旋转表示增加，反之表示减少。

②同一平面上的控制器，其顺时针运动方向应与直线型显示器的从左至右、从上至下、从前往后等运动方向相配合；而控制器的逆时针运动方向应与显示器的从右至左、从下至上、从后往前等运动方向相配合。

（2）空间协调性

控制器和显示器的空间相合性是指两者在空间排列上保持一致的关系。特别在控制器与显示器具有一一对应的关系时，若能使两者在空间排列上保持一致关系，操作起来就速度快、差错少。

按照空间相合关系，控制器与相应的显示器最好靠近安排。用右手操作的人，控制器最好安置在相应的显示器下方或右边。若由于条件限制，两者不能靠近装置时，应使两者的排列在空间位置上具有尽可能的逻辑联系。如右上角的显示器应由右下角的控制器去操作，中间的控制器用中间的显示器表示等。

（3）习惯协调性

习惯相合性是指控制器的使用方法与人们已经形成的习惯相一致，如顺时针旋转或自上而下，人自然认为是增加的方向。如果反向设计，则让人操作起来感到非常别扭，而且总是出错。由此可见，控制器的设计应力求采用标准化设计，至少应保证在同一国家内或同一系统内使用操作方法统一的控制器。

（4）编码和编排协调性

控制和显示的编码和编排相合的目的主要是减少信息加工的复杂性，提高工作效率。在同一机器或系统中，控制器与显示器进行编码时，所用代码应在含义上取得统一。如控制器与显示器都可用箭头表示方向，两者都应用“↑”和“↓”表示向上和向下，用“←”和“→”表示向左和向右。又如控制器和显示器若都采用颜色作为告警等级的编码方式，同一颜色所代表的警告等级在控制器和显示器中应该一致。

5.4.2 集中控制中的显控界面设计原则

显示系统及控制系统设计的基本要求就是要保证人、机双方的信息能够迅速准确地交流，减少信息加工的复杂性，从而提高工作效率。设计要实现最佳的信息交流系统，至少要遵守下面几个原则。

（1）重要性原则

重要的显示器或控制器即便使用的频率不高，也应布置在比较方便的位置。

（2）使用频率原则

使用频率最高的显示器或控制器应布置在最佳的信息接收区域或最佳操作区。

（3）功能分组原则

功能分组原则是指将功能相关的显示器和控制器组合成功能组，然后分区布置。

（4）操作顺序原则

对于必须按先后时间顺序显示的仪表或按一定顺序操作的控制器，应按照它们起作用的时间顺序进行布局设计。

6 人体工程学在工业设计中的应用

工业设计是一个多学科、多领域范围的创造性活动，它需要以多种科学技术手段和创造性思维来完成。在设计活动过程中，人体的生理、心理和行为特征等人体因素是限制和影响设计的主要内容，人体工程学作为综合性的学科，已成为其设计的基础平台。

6.1 工业设计与人体工程学

工业设计的内容无所不包，大至航天系统、机械设备，小到各种家具、玩具、文具以及锅、碗、瓢、盆等各种日常生活用品，这些为生产与生活所创造的“物”，都必须是人性化的设计。因为现代人在享受物质生活的同时，更加注重物质在“方便”“舒适”“可靠”“价值”“安全”和“效率”等方面的最优评价。这种人性化设计理念的形成离不开人体工程学原理在设计学科中的充分运用。人体工程学的理论和方法已经成为现代设计的重要理论基础，如图6-1a、图6-1b、图6-1c、图6-1d所示。

图6-1a　航天飞机

图6-1b　建筑机械

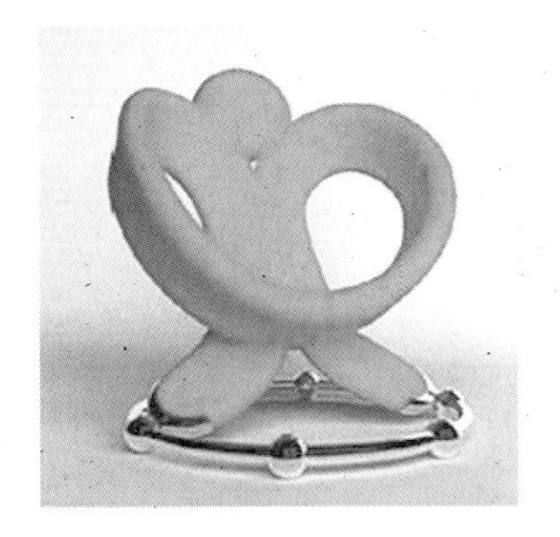
图6-1c　家具

图6-1d　日常生活用品

6.1.1　工业设计与人体工程学的关系

工业设计与人体工程学在基本思想和工作内容上有较多的一致性，两者都是以人为核心，以人类社会的可持续、健康发展为终极目的。工业设计的基本观念是“满足人们的物质和精神的双层需求”。人机工程学的基本理论是“产品设计要适合人的生理和心理因素”，其着重研究人、机、环境三者之间的关系。人机工程学为工业设计提供了人与人机关系的理论知识和设计依据，通过对人机工程学的研究，设计者就可以知道在设计手持式工具时如何减小静态肌力等，显示装置和操纵装置怎样布局更有利于人的操作等。

人体工程学要求产品设计必须满足人的生理和心理要求，使人能够舒适、有效地操控机器，但方便、舒适以及便于操作并非人们选择和购买一件产品的决定性条件。身份、地位、权威、环境、流行趋势等众多因素都能对人们的决定产生影响。因此，工业设计要考虑的问题比人体工程学所包含的内容要更全面、更广泛一些。例如，对于使用豪华汽车来体现自己身份地位的人来说，普通品牌汽车的外形、尺寸不管设计得多么完美，也不是他所需要的，如图6-2a、图6-2b所示。

图6-2a　豪华汽车——保时捷卡宴　　图6-2b　普通汽车——BYDS6

此外，人体工程学的测量数据是我们确定一件产品尺寸和形态的重要依据之一，在具体设计活动中还要考虑产品的使用场所、用户的审美情趣、经济条件、受教育程度、年龄、性别以及个人喜好等其他因素。例如，同样是手机，是成人使用还是儿童使用，是男性使用还是女性使用，是老年人使用还是青壮年使用，手机的尺寸和形状就不尽相同，如图6-3a、图6-3b、图6-3c、图6-3d所示。

图6-3a	图6-3b
图6-3c	图6-3d

图6-3a　儿童用手机
图6-3b　老年人用手机
图6-3c　适合年轻人用的智能手机
图6-3d　女性用手机

因此，作为工业设计师，需要灵活运用人体工程学研究所得出的大量理论数据和调查结果。虽然这些材料是颇具价值的参考资料，但它只能作为工业设计的基本依据而非最终定论，必须具体情况具体对待。无论多么详尽的数据库也不能代替设计师深入细致的调查分析和亲身体验所获得的感受。工业设计师要针对设计定位中各种复杂的制约因素权衡利弊，合理取舍，从而进行正确有效的人机分析。

6.1.2 人体工程学在工业设计中的应用

人体工程学研究的内容在工业设计中的应用可概括为以下几个方面。

(1) 为工业设计中“人的因素”提供人体尺度参数

一切物品都是通过使用者的使用和操作来实现其特定功能的，因此工业设计需要紧紧围绕人对物品的使用方式来展开，人能否方便和舒适地操作和使用物品，在很大程度上取决于人的生理能力，如手的握力和活动范围、脚的踏力和用力方向、人的视觉特征等。人在操作或使用物品时，都会受到自身生理条件的限制，这些生理条件都是人自身的基本尺度所限定的。

人体工程学应用人体测量学、生物力学、生理学、心理学等学科的研究方法，对人体的结构和机能特征进行研究，提供了关于人体结构、机能的统计特征和参数，包括人体各部分的尺寸、重量、体表面积、比重、重心以及人体在活动时的相互关系等人体结构特征参数；人体各部分的出力范围、出力方向、活动范围、动作速度与频率、重心变化以及动作习惯等人体机能参数；人的视、听、触、嗅以及肤觉等感受器官的机能特征；人在各种工作和劳动时的生理变化、能量消耗、疲劳机制、人对各种工作和劳动负荷的适应能力和承受能力以及人在工作或劳动中的心理变化对工作效率的影响。这些“人的因素”都为优化使用者与物品的交互提供了依据。

例如，在设计针对儿童和成人使用者的物品时，由于两者之间的人体尺度存在巨大的差异性，物品尺度也会具有很大的差异，这是工业设计与人体工程设计所面临的共同问题。如图6-4a、图6-4b所示的产品为儿童电子伙伴，该产品从形态、尺度到色彩都是以儿童的身体尺度和心理因素为设计依据，充分考虑了产品的操作方便性和宜人性、外观的亲和性以及色彩的悦目性和吸引性，这些都是人体工程设计的重要组成部分。

工业设计以人体尺度的参数作为设计依据时，不仅体现在针对成人和儿童不同的使用群体，也体现在物品所针对的不同性别对象。如图6-5a、图6-5b所示就是飞

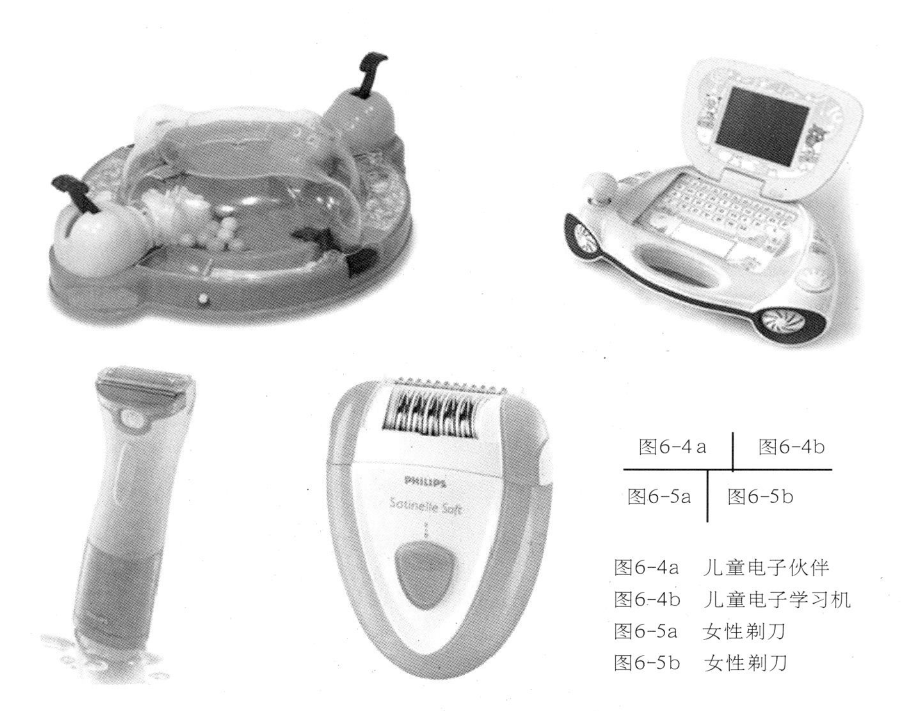

图6-4a　儿童电子伙伴
图6-4b　儿童电子学习机
图6-5a　女性剃刀
图6-5b　女性剃刀

利浦公司专为女士设计的剃刀，小巧、纤细的体形配合了女性相对较小的手部尺寸，圆润、可爱的外观形态以及柔和、淡雅的色彩则体现了女性的审美倾向，整个设计传达出一种柔美之感。

(2) 为工业设计中“物”的功能合理性提供科学依据

工业设计的最终目的是在满足人类不断增长的物质和精神需要的基础上，为人类创造一个更为合理、健康、舒适的生活方式。所以工业设计首先要探讨人的生产方式和生活方式，这就具体地落实到探讨物品的使用功能如何适应人的行为需要以及如何影响和改变人的行为方式，这也正是人体工程学应用研究的基本内容之一。

图6-6　六摇杆工业遥控器

因此，在设计中，除了要充分考虑人的因素之外，“物”的功能合理、运作高效也是设计师要加以解决的主要问题。譬如，在考虑人机界面的功能问题时，显示器、控制器、工作台和工作座椅等部件的形态、大小、色彩、语义以及如何布局等方面，都是以人体工程学提供的参数和要求为设计依据。如图6-6所示，六摇杆工业遥控器是特别为控制挖掘机及相关机械而设计的。它是由控制台和外壳两部分组成：控制台操作起来非常简单，它是通过使用单轴桨状操纵杆来实现挖掘机手臂操作的；它也解决了人机工程学的“操作最舒服的斜度”问题。护栏的设计灵感来源于蜘蛛丝和蜘蛛网，它不但使该产品具有很强的抗击打性，而且也便于携带。通过设计，笨重的机械也可以变得轻盈。

(3) 为工业设计中的“环境因素”提供设计准则

任何人都是在一定的环境下生存和工作的，任何机器也是在一定的环境中运转的。环境影响人的生活、健康、安全，特别是影响其工作能力的发挥，影响机器的正常运行和性能。人体工程学通过研究人体对外界环境中各种物理的、化学的、生理的、心理的、生物的以及社会的因素对人体的生理、心理以及工作效率的影响程度，从而确定人在生产、工作和生活中所处的各种环境的舒适程度和安全限度。从保证人体的高效、安全、健康和舒适出发，人体工程学为工业设计中考虑“环境因素”提供分析评价方法和设计准则。

(4) 为工业设计中“人一机一环境”系统的协调提供理论依据

“人一机一环境”系统中人、机、环境三个要素之间相互作用、相互依存的关系决定着系统总体性能的优劣。系统设计通常就是在明确系统总体要求的前提下，着重分析和研究人、机、环境三个要素对系统总体性能的影响，系统中各个要素的功能及其相互关系，如人和机的职能如何分工与配合，环境如何适应人、机器对人和环境又有怎样的影响等，经过不断修正和完善三要素的结构方式，最终实现系统整体效能的最优化，如图6-7所示。

(5) 为“以人为本”的设计思想提供工作程序

工业设计的对象是产品，但最终目的并不是产品，而是满足人的需求，即设计是为人的设计。在工业设计中，人既是设计的主体，又是设计的服务对象，一切设计的活动和成果，归根结底都是以为人服务为目的。

图6-7　B&O音响设备与环境自然地融为一体

工业设计运用科学技术创造人的生活和工作所需的物和环境，设计的目的就是使人与物、人与环境、人与人、人与社会相互协调，其核心是设计中的“人”。从人体工程学和工业设计两学科的共同目标来评价，判断两者最佳平衡点的标准，就是在设计中坚持“以人为本”的思想。

“以人为本”的设计思想具体体现在工业设计中的各个阶段都应以人为主线，将人体工程学的各项原理和研究成果贯穿于设计的全过程。

6.1.3 工业设计中的人机分析

无论是开发性产品还是改良性产品的设计，人机分析都是整个设计过程中必不可少的一个环节。无论是在最初的概念设计阶段或者是最后的生产设计阶段，人的因素都已成为其中的主要因素甚至是决定性因素。譬如座椅的设计，因人的使用动机不同，对于工作椅与躺椅其考虑的人机因素就有区别。工作椅首先要考虑如何提高使用者的工作效率，并兼顾使用者的舒适度。躺椅主要用来休息、放松，因此，舒适度是其设计重点。设计师要善于抓住主要矛盾，为设计确定正确的方向，如图6-8a、图6-8b所示。

图6-8a　可调节坐高、靠背倾斜度的工作椅

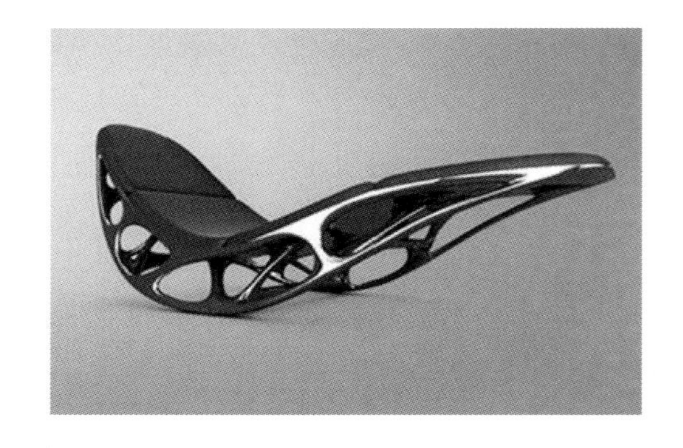

图6-8b　以休闲为目的的躺椅

产品设计中的人机分析大致有以下几个方面。

(1) 使用者的分析

任何设计都是以人为本，而且任何设计都是针对一定的目标用户，因此，在人机系统设计中首先要对使用者进行分析，只有这样，才能使设计出的产品适合目标用户群的使用。

①使用者的构成分析：任何产品的设计都是有针对性的。由于人与人之间在年

龄、性别、国籍、地域、理念、文化程度、经济基础等方面均存在着明显的差异，不同的群体对产品就有不同的要求。一个好的设计师应该将使用者作为一个群体来对待、分析和研究，了解该群体的共性与个性，以便有针对性地设计产品。譬如，同样是手机的设计，针对年轻人和老年人两个不同的消费群体，其人机因素的侧重点就大不一样。对于年轻人而言，小巧、时髦、功能多样就成为了设计的重点，因此在考虑人机关系时就要很好地协调这些要素之间的矛盾与冲突。而对于老年人，由于受到视力下降、动作减慢、反应不灵敏等生理因素的影响，在设计时，就要将按键和屏幕设计得适当大一些，按键的功能尽量简化，菜单的显示和变换尽量清晰明了，如图6-9所示。

图6-9 界面简洁、大按键的老年人手机

②使用者的生理因素分析：设计师对使用者生理状态的了解可以来自直接经验、间接经验和书本知识。几十年来，生理学家、心理学家、人体测量学家、人体工程学家以及行为学家等都致力于对人体的研究，从而为设计师了解人类自身提供了丰富的资料和数据，设计师为此可了解人类生理运行机制的原理和特点。作为设计师，也应该不断地积累这方面的知识。除此之外，通过亲身体验所获得的经验和感受也是不可或缺的。从某种意义上而言，这种亲身体验甚至比书本知识以及前人的经验更重要。当然，在直接经验不可能获得的情况下，譬如，一个健康正常的人要想了解残疾人的生理状况，就必须借助观察、询问、调研等方法去间接体验。设计师由体验所获得的知识往往更真实、更生动、更直观，从而使设计出的产品更具有人性化。

③使用者的行为方式分析：每个人在长期的生活、工作中，在特定的国家、地区、风俗习惯等环境下，受其职业、种族、宗教信仰、受教育程度、年龄性别等各种因素的影响，会形成某些固定的动作习惯、处世方式、办事方法等。个人的行为方式会直接

影响他（或她）对产品的操作使用，因此，设计师必须考虑或者利用这些因素。譬如，在电脑鼠标的设计中，一般把左键和右键的功能区分开来，且常将右手使用者作为使用对象，但对于使用左手的人，这样的鼠标对他们并不合适，如图6-10a、图6-10b所示。

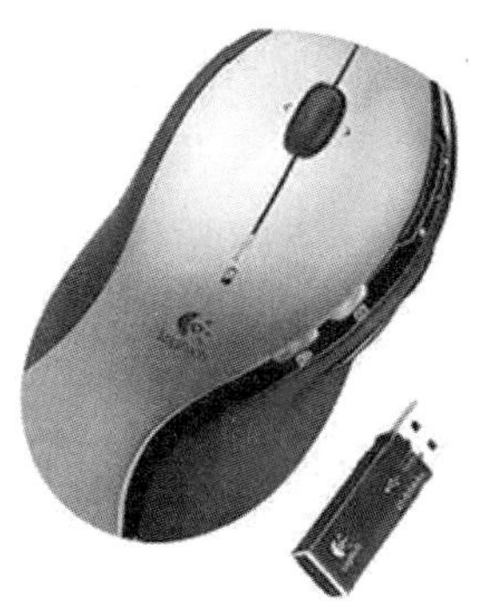

图6-10a　适合左手使用者的鼠标　　图6-10b　适合左手使用习惯的剪刀

（2）使用环境分析

这里所说的环境是指影响产品人机关系的外界的限制性因素，包括物理环境和社会环境，如产品使用的气候、季节、场所、时间、安全性等。因为使用环境不同，街头用的垃圾箱与家庭用的垃圾桶就会有不同的设计要求，其使用条件和使用目的也有会很大的不同。设计者应使自己设计的产品在各种条件下都美观大方、安全耐用、使用方便，保持良好的人机关系。例如，公用电话安放于露天环境，其周围嘈杂、混乱的环境就是设计时必须加以考虑的因素，与家用电话相比，除了满足其基本的通话等功能外，设计师还要使该电话经久耐用、防酸、防碱、防止破坏等，如图6-11a、图6-11b所示。

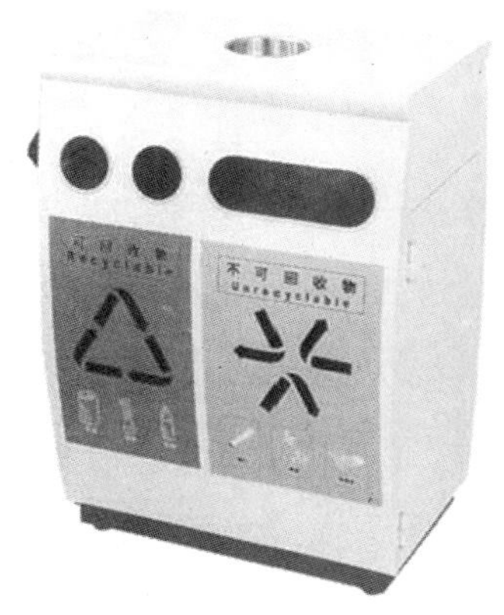

图6-11a　室外垃圾箱

图6-11b　室外公用电话

(3) 使用过程分析

对使用过程进行分析需要深入、仔细、科学。一些产品中的人机不匹配问题，不是仅凭常识就可以发现的。有时甚至在短时间内使用也体会不到。然而，如果长期使用该产品，其影响与危害性就会日积月累，最终导致对人体身心健康的伤害。这种问题尤其容易发生在工作场合，许多职业病如颈椎病、肩周炎、腰肌劳损、静脉曲张、腕管综合征等以及其他一些疾病都与长期采用不合理的工作姿势有关。因此，在设计人们长时间、高频率使用的产品时，要进行认真的使用分析。如图6-12是有关人体坐姿的研究，可作为座椅的设计依据。

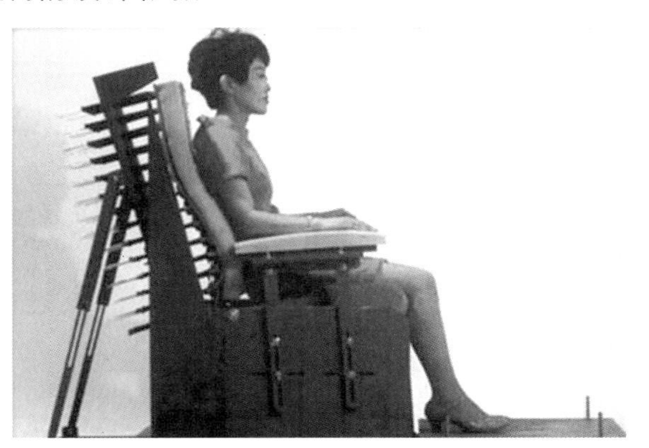

图6-12　工作椅的坐高、靠背曲率等功能尺度研究

6.2　手握式工具设计

使用工具进行生产，是人类进化的主要标志。生产、劳动工具是人类生理能力的极大扩展，使用工具使作业者增加了动作范围和力度，提高了作业效率。根据不同的作业要求和作业环境，作业者需要使用恰当的作业工具来完成特定的作业任务。

大多数作业都离不开手工作业，手持式作业工具是作业过程中最多的使用工具。人们使用手持式工具可以完成危险的、困难的工作，可有效地提高工作效能。但大多数传统手持式工具的形态和尺寸不符合人体工程学原则，不能满足现代化生产的需要。如果长时期使用设计不合理的手持式工具或设备，不仅效率较低，还会损伤人体。由此，对手持式工具进行设计，选择和评价是人体工程学中一项重要的内容。

手持式工具必须配合人手的轮廓形状，握持时必须保持适当姿势，设计时应该遵循解剖学原则和人体工程学原则。

6.2.1 解剖学原则

手持式工具广泛用于生产系统中的操作、安装和维修等作业，在选用或设计时如果不符合解剖学要求，将影响作业者的健康和工作效能。

(1) 避免静态肌肉施力,减小静态肌力的产生

在使用工具时，如需抬高胳膊或将工具握持一段时间，会使肩、臂及手部肌肉处于静态施力状态，这种静态负荷能使肌肉疲劳，降低持续工作的效能，短时间会对人体肌肉产生疼痛感，长期使用严重的会引起肌腱炎、腱鞘炎和腕管综合征等多种疾病。

改进的方法是：工具的工作部分与把手做成弯曲式结构，可以使手臂自然下垂；在工具手柄设计上，可采取凸边或滚花的设计方法，尽量减少所需握力，以避免前臂肌肉疼痛；应降低手柄对握紧程度的要求，防止出现打滑；尽量使用弹簧复位工具，从而减轻手或手指的负担，如图6-13所示。

如图6-13　直柄结构的手工具手柄和弯曲式结构的手工具手柄使用示意图

(2) 保持手腕处于顺直状态

手腕顺直操作时，腕处于放松状态，当偏离其中间位置，处于掌曲、背曲、尺偏等别扭的状态时，就会使腕部肌腱过度拉伸，这会导致腕部酸痛、握力减小。如图6-14所示，传统的钢丝钳与改进后比较，传统的钢丝钳在使用时会造成掌侧偏，改进设计使把手与钳嘴成弯曲结构时，操作时可以保持手腕的顺直状态。

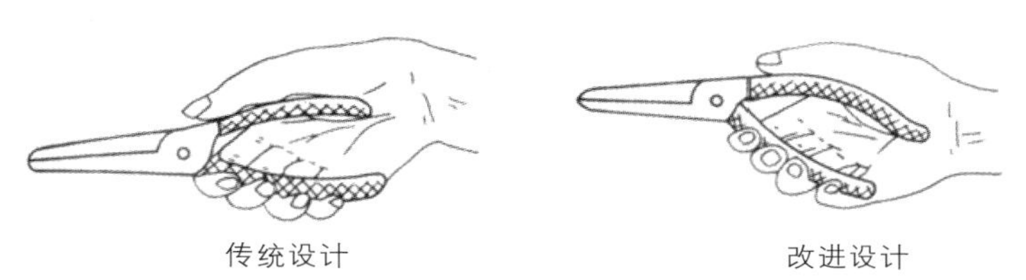

图6-14　改进前后的钢丝钳使用时手腕状态示意图

一般而言，抓握物体和人的手臂呈70°时，人的手腕保持自然状态；工具的把手与工作部分弯曲10°左右效果最佳，弯曲式可降低劳动强度，舒适感较强，如图6-15所示。

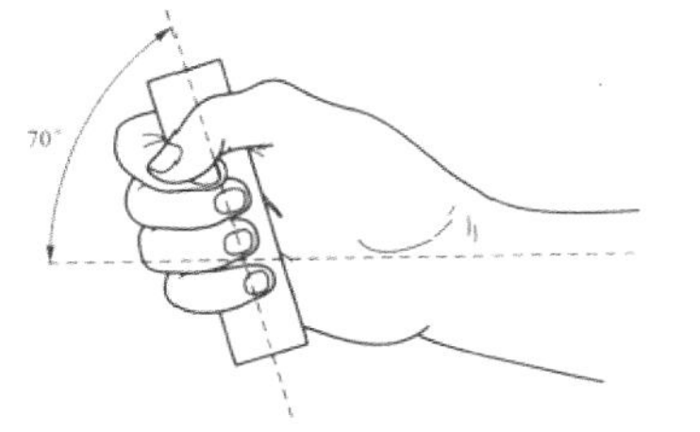

图6-15　手工具使用时手腕的自然状态

(3) 避免手掌所受压力过大

使用手持式工具时，特别是当用力较大时，手掌压力敏感区域，会因血液循环受到影响，引起局部缺血，产生肿胀和手疼，导致麻木、刺痛感等。好的把手设计应该具有较大的接触面，使压力能分布于较大的手掌面积上，以减小局部压力，如图6-16所示；或者使压力作用于不太敏感的区域，如拇指和食指之间的虎口位；也可以将手柄长度设计至手掌之外，如图6-17所示。

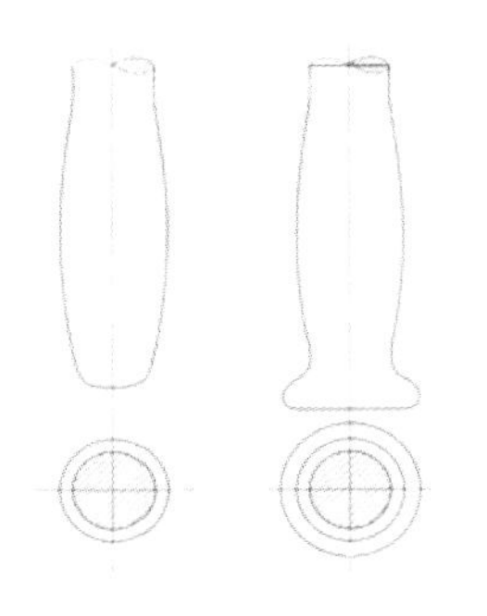

图6-16　增大把手抓握面，减小手部组织受压

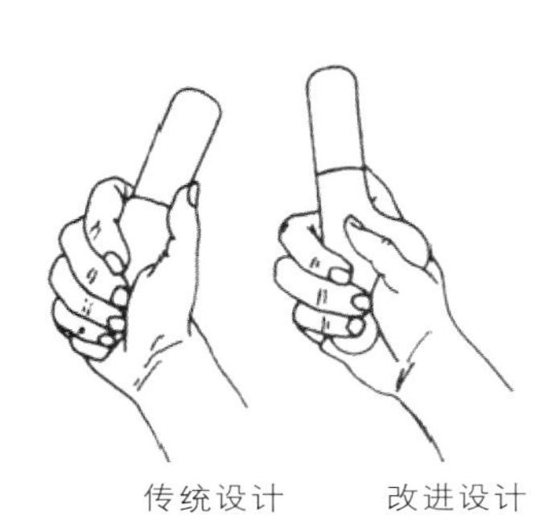

图6-17　把压力作用于手部不敏感区域

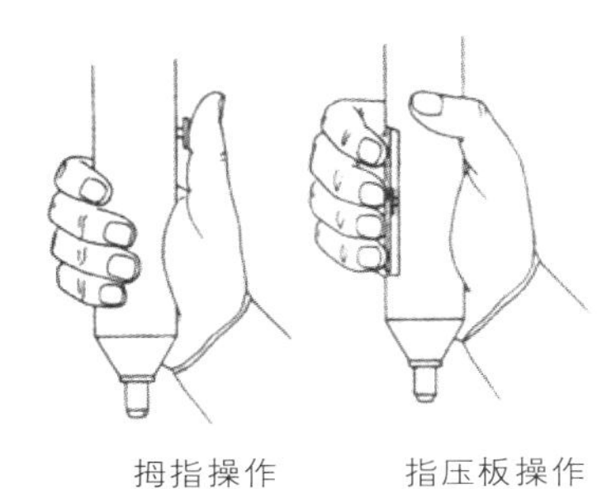

图6-18　避免单个手指重复动作的设计

(4) 避免重复动作

如果反复用食指操作扳机式控制器时，就会导致扳机指（狭窄性腱鞘炎），扳机指症状在使用气动工具或触发器式电动工具时常会出现。设计时应尽量避免食指做这类动作，而以拇指或指压板控制代替，如图6-18所示。

6.2.2　人体工程学原则

在设计手握式工具时，从人机关系的角度出发，必须满足以下基本原则，才能保证使用效率：

①有效地实现预定的功能。

②与操作者身体成适当比例，使操作者发挥最大效率。

③按照作业者的力度和作业能力来设计。

④适当考虑性别、训练程度和身体素质上的差异。

⑤工具要求的作业姿势不能引起过度疲劳。

6.2.3 把手设计

手握式工具的把手是十分重要的部分，其设计合理与否会直接影响人操作中的舒适感和工作效能，所以有必要单独讨论其设计问题。对于单把手工具，其操作方式是掌面与手指周向抓握，其设计因素包括把手形状、直径、长度和弯角等。

（1）形状

把手的截面形状。对于着力抓握，把手与手掌的接触面积越大，则压力越小，因此圆形截面把手较好。我们一般应根据作业性质确定把手的形状。为了防止把手与手掌之间的相对滑动，可以采用三角形或矩形，这样也可以增加工具放置时的稳定性。对于螺丝、起子，采用丁字形把手可以使扭矩增大50%，其最佳直径为25 mm，斜丁字形的最佳夹角为60°，保持腕部水平。也可以使把手形状与手部的轮廓形状相适配，还可沿把手表面作凸起的形体处理，在把手末端限位形体处，增大摩擦并防止手的滑脱。

（2）直径

把手直径大小取决于工具的用途与手的尺寸。对于螺丝、起子，直径大可以增大扭矩，但直径太大会减小握力，降低灵活性与作业速度，并使指端骨弯曲增加，长时间操作则导致指端疲劳。比较合适的直径是：着力抓握31～38 mm，精密抓握8～16 mm，一般操纵活动采用22 mm为宜。

（3）长度

把手长度主要取决于手掌宽度。掌宽一般在71～97 mm（5%女性至95%男性数据），因此合适的把手长度为100～125 mm。

（4）弯角

把手弯曲的角度前面已有表述，最佳的角度为10°左右。双把手工具的主要设计因素是抓握空间。握力和手指屈腰的压力随抓捏物体的尺寸和形状而不同。当抓握空间宽度为45～80 mm时，抓力最大。其中若两把手握时为45～50 mm，而当把手向内弯时，为75～80 mm。

（5）表面纹理与材料

舒适的握感，防滑、增大摩擦和防震是工具材料选择时要考虑的因素。

（6）双手握持工具把手

跨距是最重要的因素。一般双手平行时45～50 mm时握力最大。当呈八字形时，

75～80 mm跨距握力最大。实际设计中应将最大抓握力限制在90 N以下。

此外，双手交替使用工具可以减轻局部肌肉压力，但由于人们用手都有一定的习惯性，交替使用是常常不能做到的。据统计，约有90%的人习惯用右手，10%的人习惯用左手。在具体设计工具时我们必须对使用群体的习惯、行为方式进行相应的分析，使工具适合使用者的生理和心理要求。

6.3 人体工程学在手持式电子产品中的应用

手持式电子产品的设计包含较复杂的人体工程学设计内容，必须考虑相关的人机界面、作业姿势、作业空间等多个因素。在设计中要结合手部的解剖学特征、生物力学特征，如其抓握位置必须适合人手的轮廓形状，并要求人们在使用时臂部和手腕采用自然的姿势，产品本身不能对身体造成过多负荷等。

手持式电子产品范围很广，常见的如手机、遥控器、相机、鼠标、对讲机等，下面我们以鼠标、手机等手持式电子产品为例来分析人体工程学在其设计中的应用。

6.3.1 人体工程学在鼠标设计中的应用

(1) 欧美鼠标与国产鼠标比较分析

目前，欧美市场上主流鼠标的色彩都以黑、白、灰为主，看起来比较稳重，并且个头及流线造型的弧度都较大，在颜色搭配方面也比较统一，各个品牌之间的变动非常小，如图6-19所示。

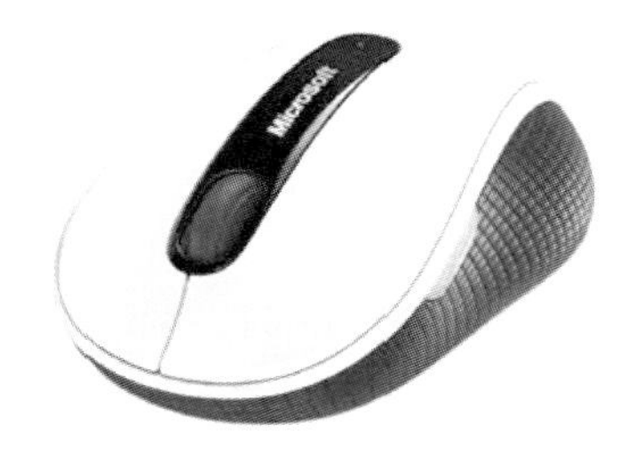

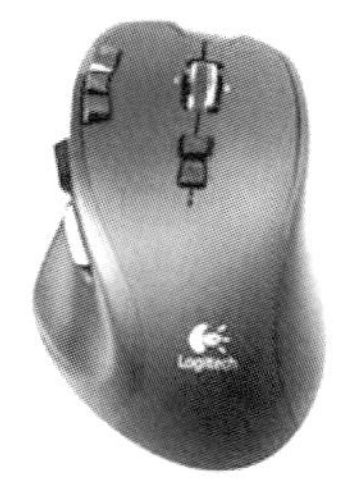

图6-19 欧美品牌鼠标

国产品牌鼠标在色彩方面相对来说比较艳丽，基本上以蓝、深蓝、玫瑰红、珍珠白及银白为主，并且鼠标的个头较欧美的鼠标要小得多，即便是大鼠标，其个头也比欧美主流鼠标稍偏小，弧度也小，如图6-20所示。

图6-20　国产品牌鼠标

产生这些区别的原因如下：

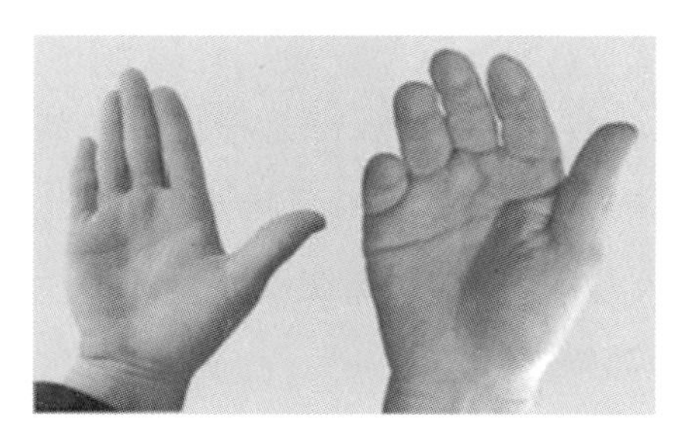

图6-21　亚洲人与欧美人的手型差异较大

①欧美人士更喜欢色彩沉稳、线条粗犷、造型不张扬的产品；而亚洲人更喜欢色彩艳丽、线条柔美、造型时尚的产品。

②他们之间身高的区别导致手型的巨大差异（欧美人士的手掌心平均要比亚洲人的手掌心深10～20 mm，而且手要长30～40 mm），如图6-21所示。

(2) 人种比较分析

与我们东方蒙古利亚人种相比，欧美雅利安人种的手有以下几个主要特点：

①雅利安人的手比较大，手的绝对尺寸大，因为他们的平均身高要比蒙古利亚人高得多。欧美男士身高在180 cm以上的占60%，女士170 cm以上占55%；而亚洲男士身高175 cm以下占65%以上，女士在165 cm以下占70%。四肢与身长的比例高，同样身高的中国人和英国人相比，英国人的手也比中国人的手大。

②同等手掌尺寸下，蒙古利亚人的手掌更平。具体来说，雅利安人的掌弓要比蒙古利亚人的更宽、更深。

③同等手掌尺寸下，雅利安人的手指更长，而且蒙古利亚人中，相当比例的人小指明显较短，而雅利安人小指与其他手指比例较高。低于平均身高的欧洲人士的手都比标准体形的亚洲人手长20～30 mm，手心深10～20 mm。

(3) 亚洲人使用欧美鼠标出现的问题

①亚洲人握欧美人士的大鼠标很勉强，整个手都放在鼠标上，并且手心也非常贴合鼠标后背，但是其腕关节被抬高，使手背与桌面的夹角大于30°，如图6-22所示。（根据人体工程学原理，人的手背同桌面保持在15°～30°夹角的半握拳状才是人体

的最佳休息状态）可见，他们的腕关节并没有得到完全放松，腕关节部位及手的前臂部位的伸肌群还处于强直的受力状态，受其影响，上臂的三头肌及三角肌也都会同时受到力牵拉的作用，人的肩关节也会一直处于强直状态。

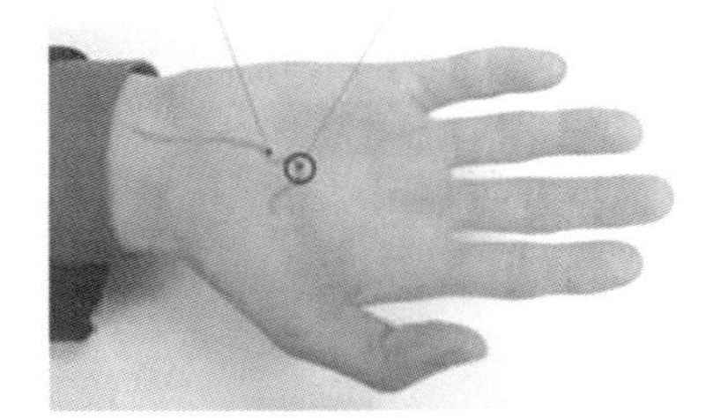

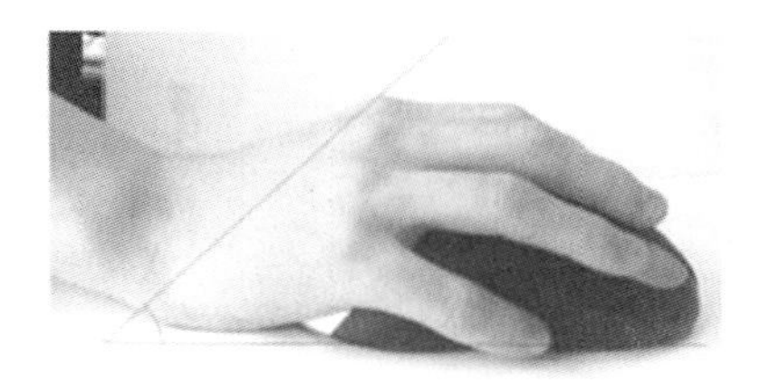

图6-22　亚洲人握欧美款式鼠标

②另外，亚洲人握欧美鼠标时，其鼠标的最弓背处刚好处于手掌心的靠后部分，并且手部的受力集中于手掌心稍后侧。从人体解剖学得知，在手掌心稍靠后的部位刚好是供应五个手指血液和营养的掌浅动脉弓的位置，如图6-23所示。如果动脉受压过久，时间长了会产生麻木酸痛的感觉，并使手指缺氧产生疲劳感；如果手长期处于强迫状态，手指的灵活度也将受到很大的影响。

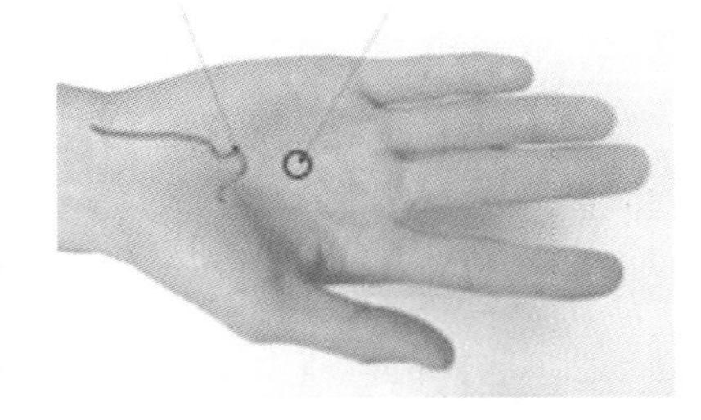

图6-23　手掌浅动脉弓

(4) 符合人机工程学的鼠标手部使用姿势要求

①手腕：经试验证明，当人的手腕呈“仰起”状态时，则“仰起”的夹角在15°～30°时是最舒服的状态。超过这个范围，则前臂肌肉处于拉紧状态。而且也会导致血液流动不畅。受其影响，上臂的三头肌及三角肌也都会同时受到力牵拉的作用，人的肩关节也会一直处于强直状态。

②手掌：最自然的状态就是半握拳状态，而鼠标的造型设计实际上就是要尽量贴合这个形态，如图6-24所示，包括三个方面：

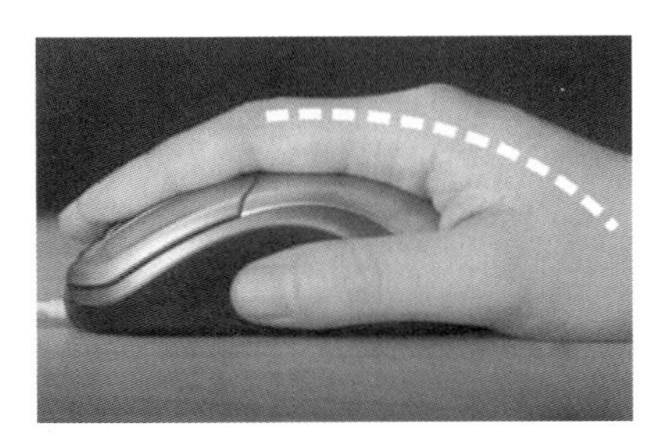

图6-24 半握拳的鼠标握持姿势

A.使鼠标外壳贴紧人手掌的两个主要肌群——拇指肌群和小指肌群，否则会有握不住的感觉；但又不要有压迫，受压迫会导致手掌处于疲劳状态。

B.鼠标外壳紧贴掌弓而又不压迫它，也就是鼠标外壳要贴紧手掌中间的那条“沟”，如果不贴紧，那么手心会有“悬空”的感觉，而如果压迫了它，因为下面是手主要动脉和神经的必经之地，时间长了会导致手缺氧。

C.鼠标最高点应在手心而非其后的掌浅动脉弓（否则会造成有压迫感），在手掌心稍靠后的部位，刚好是供应五个手指血液和营养的掌浅动脉弓的位置。如果动脉受压过久，时间长了会产生麻木酸痛的感觉，并使手指缺氧产生疲劳感。如果手长期处于强迫状态，手指的灵活度也将受到很大的影响。

③手指：五指均不悬空，且呈150°左右自然伸展状态，如图6-25所示。

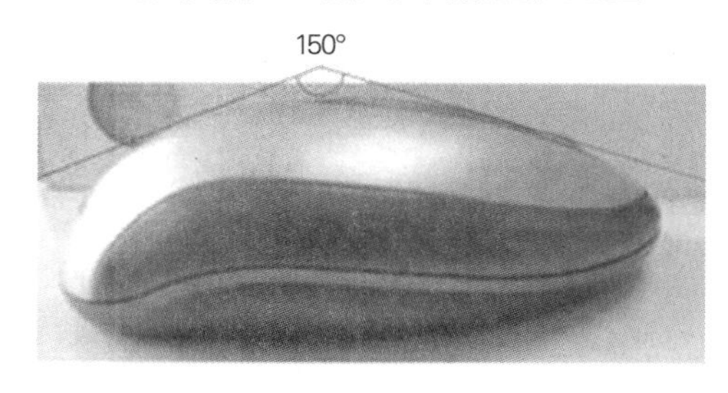

图6-25　鼠标脊背夹角成150°

当然，鼠标的人体工程学设计除了要考虑手部使用姿势以满足使用者生理上的需求以外，还需要针对不同性别、不同年龄段的使用者的审美差异性设计不同颜色、不同风格的鼠标，只有满足使用者生理和心理需求的产品才是人性化的产品。

6.3.2　人体工程学在手机设计中的应用

(1) 手机产品现状分析

随着手机制造技术的发展，功能性技术早已不是制造研究的主要问题，目前市场上主要销售的手机不管什么结构形式，包括直板、翻盖、滑盖，其界面基本上千篇一律都是三段式布局（不包括听筒、麦克等部件）：上，屏幕；中，控制键区；下，数字键区。手机的设计已经走向一个极端，以作“表面文章”为主，如图6-26所示。

图6-26 不同品牌、结构的手机在界面设计上都是三段式布局

满足用户不断提高的精神追求固然必要，但求新求异的同时，不要忽略了功能方面的基本需求，如手机按键的人机问题（智能机的按键以虚拟的方式存在）。目前手机按键设计的种类非常多，但在人机问题方面多少都有些缺点。现在的手机已不是简单的“移动电话”，在用户的生活中越来越多地充当移动信息中心的作用，越来越多

地需要"输入"操作，需要相对长时间快速、准确的操作，此时的键盘人机设计更体现出其重要性。

图6-27 手机握持姿势

(2) 手部操作姿势分析

据观察，一般手机持握和操作方式如图6-27所示。

①大拇指根部大鱼际肌群或手掌外侧小鱼际肌群、小指、无名指、中指合力握住手机，不参与操作。

②食指靠在手机后上部，可参与操作侧面键（包括控制轮）。

③拇指控制键盘，或者侧面键（包括控制轮）。

④手写式、全功能键盘通常需要双手操作。

根据观察，人持握手机的位置主要受手机重心位置的影响，拇指各关节肌肉的平衡位置通常会使拇指指尖处于手机中间（重心）偏左上的位置（以右手操作为例）。但目前市场上主要销售的手机都是三段式布局，这样的设计结果就是绝大部分手机按键都处在拇指的最佳功效范围以外，而且随着手机大屏幕设计和短信文化的流行，这种情况越来越严重。手机生产商及设计研究部门将精力集中在外观的变化上，却极少改变这种三段式结构，将手机最基本的操作舒适性需求放到次要地位。

(3) 人手部的一般特点

①食指是最灵活、快速，触觉最灵敏的手指，其次是中指。

②拇指是力量最大的手指，但耐疲劳操作范围有限，触觉方面比较迟钝。

③位于拇指外观中部的"拇指第一关节"能向前弯曲最大90°，少数人能向后弯曲。

④位于拇指外观根部的"拇指第二关节"能向前弯曲最大90°，少数人能向后弯曲。

⑤位于拇指和食指连接处的"腕掌关节"能够进行较大程度的屈伸、收展，所以能完成对掌运动（对掌运动是拇指骨外展、屈和旋内运动的总和。其效果使拇指尖能与其他各指掌面接触，而这是除拇指外其他手指腕掌关节都无法完成的）。如图6-28所示。

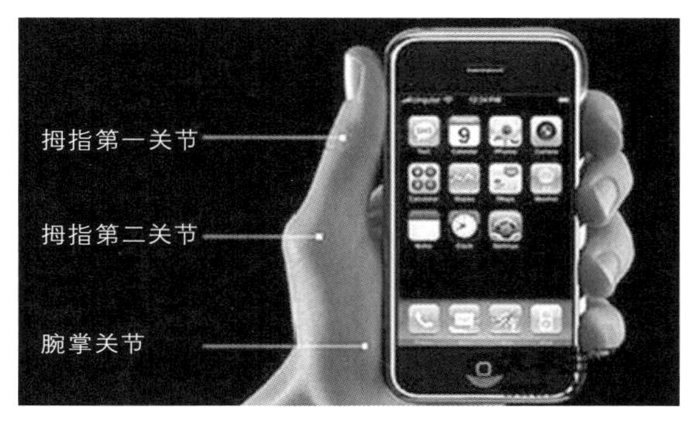

图6-28 手部关节

(4) 手机按键布置

按键的布置要避免手指过度弯

曲、伸直或侧偏，否则，容易造成疲劳甚至伤害。

①现在大屏幕手机按键往往过于靠下和靠边，容易使大拇指过度弯曲，可考虑提高按键位置或者采用不对称设计。

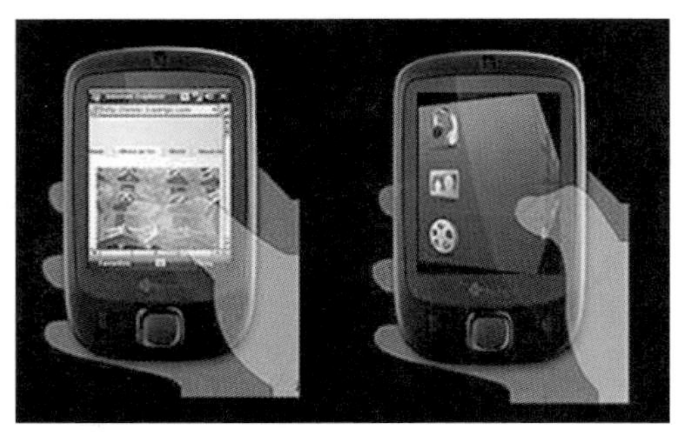

图6-29 虚拟图标应该考虑操作行程

②对于滑盖或翻盖的手机，按键的设计要避开障碍。

③按键行程：按键行程过长易导致手指疲劳；行程过短易导致误触发；手写式（虚拟）键盘、触摸感应式键盘、触摸板键盘没有力反馈，不能通过触觉感知操作，如果没有其他明显的反馈信息就很容易发生误操作，或者导致操作速度变慢，如图6-29所示。

(5) 基于人体工程学的手机概念设计基本思路

通过实验对比目前的手机常用设计尺寸，可以得到结论：最佳的键盘位置是手机中段的左半边，其次是上部和中下部，下端工效水平最差；对目前手机尺寸来说（长度90～120 mm，宽度40～50 mm），键盘布局左边比右边好，中部和上部比下部好（以男性右手操作为例）。

要解决目前手机的结构和键盘布局区域之间的矛盾，实际上就是要在手机机身范围内充分合理地利用空间资源的问题。解决空间矛盾，合理利用空间资源，具体到手机设计的问题上，有如下分析：

①选择最重要的子系统，将其他子系统放在空间不十分重要的位置上。如果将键盘的舒适度作为第一优先考虑要素，那么键盘就成为最重要的子系统（听筒和麦克风并不构成矛盾，在此不予考虑），可以考虑将键盘手机的中部偏上方手机的屏幕空间转移到手机的下半部。

②最大限度地利用闲置空间。手机的闲置空间主要有上、左、右三个侧面和背面，可以考虑利用其他手指或者手掌参与操作。

③利用空间中的点、线、面或体积。结构上的变化，突破现有的直板、翻盖、滑盖等结构形式，将手机底部动态加长，加长部分是非键盘的功能子系统。

④利用紧凑的几何形状，如螺旋线。让键盘本身更加紧凑，突破三列四行的长方形排列方式，在保证按键大小和键距的前提下，使键盘面积更小，更适应最佳拇指功效区的形状。

7 人体工程学在家具设计中的应用

家具是室内环境构成的重要因素，家具的形态、功能、尺度的确定需要我们以人的生理学和心理学上的知识作为设计的依据，真正“以人为中心”进行设计。

7.1 家具设计与人体工程学

在漫长的家具发展历程中，对于家具的造型设计，特别是对人体机能的适应性方面，大多仅通过直觉的使用效果来判断，或凭习惯和经验来考虑，对不同用途、不同功能的家具，没有一个客观的、科学的定性分析的衡量依据，甚至包括宫廷建筑家具。不管是欧洲国王，还是中国皇帝使用的家具，虽然精雕细刻，造型复杂，但在使用上都是不舒适，甚至是违反人体机能的，如图7-1a、图7-1b所示。

现代家具早已超越了单纯实用的需求层面，其进一步以科学的观点研究家具与人体心理机能和生理机能的相互关系，现代家具设计是建立在对人体的构造、尺度、体感、动作、心理等人体机能特征的充分理解和研究的基础上来进行的系统化设计。如图7-2a、图7-2b所示。

图7-1a 中国皇帝龙椅

图7-1b 拿破仑波拿巴座椅

图7-2a 太极椅

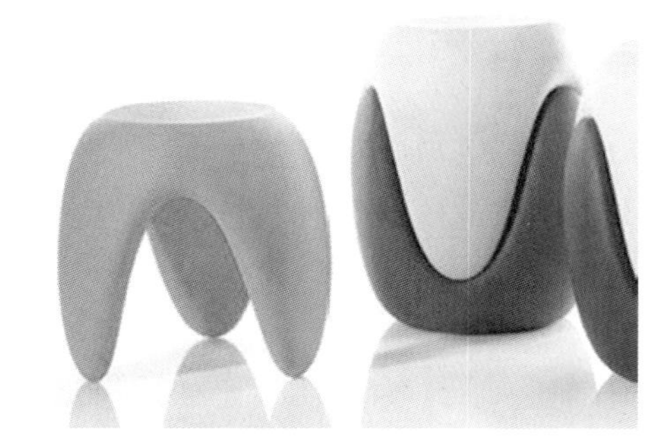

图7-2b 方便组合的凳子

7.1.1 人体生理机能与家具设计的关系概述

(1) 人体基本知识

家具设计首先要研究家具与人体的关系，要了解人体的构造及构成人体活动的主要组织系统。人体是由骨骼系统、肌肉系统、消化系统、血液循环系统、呼吸系统、泌尿系统、内分泌系统、神经系统、感觉系统等组成。这些系统像一台机器那样互相配合、相互制约地共同维持着人的生命和完成人体的活动，在这些组织系统中与家具设计有密切关联的是骨骼系统、肌肉系统、感觉系统和神经系统。在这里我们不一一展开，本书其他章节有相关论述。

(2) 人体基本动作

人体的动作形态相当复杂而又变化万千，从坐、卧、立、蹲、跳、旋转、行走等都会显示出不同形态所具有的不同尺度和不同的空间需求。

从家具设计的角度来看，合理地依据人体一定姿态下的肌肉、骨骼的结构来设计家具，能调整人的体力损耗，减少肌肉的疲劳，从而极大地提高工作效率。因此，在家具设计中对人体动作的研究显得十分必要。与家具设计密切相关的人体动作主要是立、坐、卧。

(3) 人体尺度

家具设计最主要的依据是人体尺度，如人体站立的基本高度，伸手最大的活动范围，坐姿时的下腿高度和上腿的长度及上身的活动范围，睡姿时的人体宽度、长度及翻身的范围等，都与家具尺寸有着密切的关系。因此学习家具设计，必须首先了解人体各部位固有的基本尺度。

我们如何确定家具的尺寸呢？一般来说，我们可以通过人体工学和人机工学类的书籍查找到具体的设计参数，但这些数据不可能就是设计本身，要深入设计我们还要进一步了解家具对于人的生理学依据，以及心理学上的依据，并且对使用这些家具可能产生的问题进行深入调查，并在设计中解决这些问题，这才是真正的“以人为本”的设计。例如，我们制定工作椅的人体参数的时候，就是通过调查适用人群及其人体参数、人的坐姿、使用方式、使用场合、肌肉和脊椎的压力分布与坐姿的关系，以及使用时出现的常见问题等，综合方方面面，就能够得到在设计中有用的数据。如果死抄书本数据，那么做出来的东西肯定不符合使用者的需求，并非我们所追求的“以人为本”。

从上述可知，在家具设计中对人体生理机能的研究是促使家具设计更具科学性的重要手段。

7.1.2 家具分类及功能尺度

(1) 家具分类

为了满足人们的各种日常生活需要，根据人体活动及相关的姿态，人们设计生产了相应的家具，我们将其分为三类：坐卧性家具、凭倚性家具及储藏性家具。

①与人体直接接触，起着支承人体活动的坐卧类家具，如椅、凳、沙发、床榻等，如图7-3所示。

②与人体活动有着密切关系，起着辅助人体活动、承托物体的凭倚家具，如桌台、几、案、柜台等，如图7-4所示。

图7-3　平衡椅

图7-4　绿色办公家具

③与人体产生间接关系，起着储存物品作用的储存类家具，如橱、柜、架、箱等，如图7-5所示。

图7-5　衣柜

(2) 家具功能尺度

不同类型的家具具有不同的家具功能。而实现家具功能，首要考虑的因素就是它的功能尺度。

①坐卧性家具功能尺度。

A.工作用坐具的功能尺度。

坐高适中的（400 mm高）。

坐深：380～420 mm。

坐宽：不小于380 mm。

坐面倾斜度：斜角度为3°～5°。

椅靠背：400～450 mm。

扶手高度：200～250 mm。

坐面形状及其垫性：坐面形状一般期望与人坐姿时大腿及臀部与坐面承压时形成的状态吻合。

B.卧具的功能尺度。

床宽：800～1 300 mm变化时，作为单人床使用。

床长：国家标准规定，成人用床床面净长一律为1 920 mm。

床高：400～500 mm。

②凭倚性家具功能尺度。

A.坐式用桌的功能尺度。

双柜写字台宽为1 200～1 400 mm；深为600～750 mm；单柜写字台宽为900～1 200mm；深为510～600 mm；宽度级差为100 mm；深度级差为50 mm。一般批量生产的单件产品均按标准选定尺寸，但组合柜中的写字台和特殊用途的台面尺寸不受此限制。

桌面高度：700～760 mm，桌椅高度差：280～320 mm；桌下净空：桌子抽屉下缘离椅面至少178 mm。

B.站立式用桌的功能尺度。

台面高度：910～965 mm，对于施力较大的台面稍降低20～50 mm。

台下净空:底部须有置足的凹进空间，一般内凹高度为80 mm，深度为50～100 mm。

③储存性家具功能尺度。

储存类家具在高度尺寸上分为三个区域：第一区域是从地面至人站立时手臂下垂指尖的垂直距离，即650 mm以下的区域，该区域存储不便，人必须蹲下操作，一般存放较重而不常用的物品；第二区域以人肩为轴，从垂手指尖至手臂向上伸展的距离（上肢半径活动的垂直范围），高度在650～1 850 mm，该区域是存放物品最方便、使用频率最多的区域，也是人的视线最易看到的视域，一般存放常用的物品；第三区域即柜体在1 850 mm以上区域，一般可存放较轻的过季性物品。

7.2 坐卧性家具中的人体工程学设计

坐卧性家具、凭倚性家具及储存性家具共同构筑了常见的家具体系。从家具本身来讲，其实很难给其一个严格的界定，因此我们所谈到的分类实际上是在功能上的一些区别。总的来讲，坐卧性家具的独立性较储存类家具强，依附性则没有其明显，因此在功能范畴上存在一个比较大的差别。如果说坐卧类家具与室内空间发生的关系不如贮存类家具紧密，那么储存类家具在品种和实际使用效率上则大大低于坐卧类家具。举个简单的例子，沙发是最为常见的坐卧类家具产品，对一个室内空间来讲，不同风格形式的沙发对室内空间的划分其实并没有太多直接的影响，更多地表现在此类家具在具体使用方式和整体审美风格上的主导地位，它所决定的是产品的具体使用效率以及整个建筑内部使用环境的感受，对空间的分割则不会带来较大的影响。

首先我们来了解坐卧类家具中人体工程学的应用。

7.2.1 座椅设计中的人体工程学

座椅常见结构有座面和座腿，有的有靠背和扶手，这些传统座椅座面呈水平状或略向后倾斜，一般后倾斜角度为3°～5°；躺椅座面后倾斜角度大于2°，这样可以防止休息中的人下滑。座面后倾斜符合休息用椅的休息功能需求，但不适合工作坐姿需要。

（1）座椅设计的人体工程学原理

坐姿是人体较自然的姿势，它有很多优点。当站立时，人体的足踝、膝部、臀部和脊椎等关节部位受到静肌力作用，以维持直立状态，而采取坐姿时，可免除这些肌力，减少人体能耗，消除疲劳。坐姿比站立更有利于血液循环，站立时，血液和体液会向下肢积蓄；而采取坐姿时，肌肉组织松弛，使腿部血管内血流静压降低，血液流回心脏的阻力也就减小。坐姿还有利于保持身体的稳定，这对精细作业更合适。在脚操作场合，坐姿保持身体处在稳定的姿势，有利于作业，因而坐姿是最普遍采用的工作姿势。

当然，坐姿在某些方面也存在缺点，其中最重要的是它限制了人体的活动性，尤其是在需要用手或手臂用力或从事旋转动作时，坐姿较立姿不方便。长期的坐姿对人体健康也不利，如它会引起腹部肌肉组织松弛、脊柱不正常的弯曲，以及损害某些体内器官的功能（如消化器官、呼吸器官）等，而且坐姿也会在人体的主要支撑面上产生压力，长时间坐在硬质的坐垫上，臀部局部受到压力，会有不舒适的感觉。

①坐姿生理学。在坐姿状态下，支持人体的主要结构是脊柱、骨盆、腿和脚等。脊柱位于人体背部中线处，由33块短圆柱状椎骨组成，包括7块颈椎、12块胸椎、5块腰椎和下方的5块骶骨及4块尾骨，相互间由肌腱和软骨连接，如图7-6所示。腰椎、骶骨和椎间盘及软组织承受坐姿时上身大部分负荷，还要实现弯腰扭转等动作。对设计而言，这两部分最为重要。

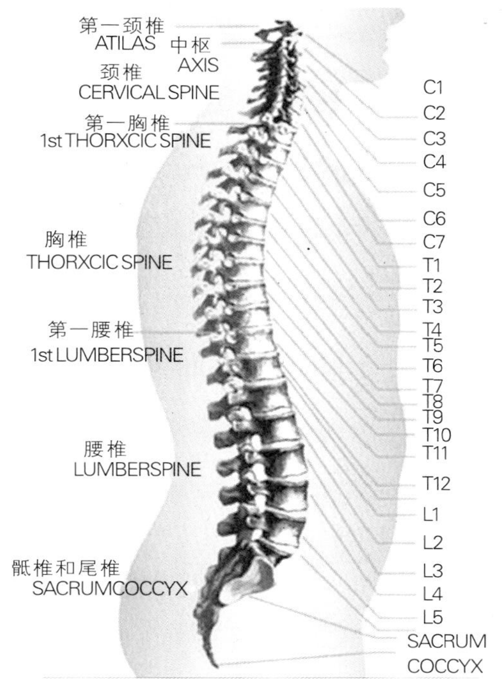

图7-6　人体脊椎示意图

正常的姿势下，顶端颈椎部位曲线向前弯称为前凸，接于其下的胸椎部位曲线向后弯称为后凹，腰椎部分又向前凸，而至骶骨时则后凹。在良好的坐姿状态下，压力适当地分布于各椎间盘上，肌肉组织上承受均匀的静负荷。当处于非自然姿势时，椎间盘内压力分布不正常，则产生腰背酸痛、疲劳等不适感。

②坐姿行为分析。人坐在椅子上，姿势并不完全一样，不同的动机会有不同的姿势，而且都非静止不动，往往会经常调整坐姿（细微动作），以消除脊柱部位不正常的压力，即为坐姿行为。同时脊柱并不是唯一的重要结构，腿和骨盆同样重要，具有稳定人体功能的作用，如图7-7所示。

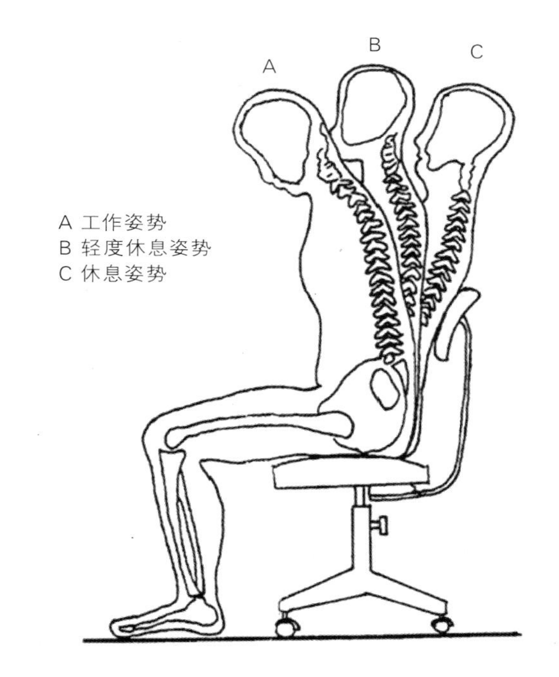

图7-7　人体常见坐姿

坐姿骨盆是一个不稳定的倒立三角形，与座面接触的两个坐骨结节肌肉很少，人体75%的体重由这25 cm^2的坐骨结节和位于其下的肌肉来支撑，易产生压力疲劳。

人体大部分重力承载于坐垫上的两点，在力学上很不稳定，而直立坐姿，人体中心偏离了坐骨结节的垂线（肚脐前方2.5 cm），使不稳定程度增加，只有腿、足提供的杠杆作用才能使系统趋于稳定。

（2）座椅的人体工程学应用原则

适当的座椅可以减少疲劳，提高工作效率，节省时间和劳力。其设计原则概括如下：

①座椅的形式和尺度与坐的目的和动机相关。

②使脊椎保持健康自然的曲率。

③身体重量能均匀分布于座面上，为骨盆（坐骨结节）提供有效支撑。

④减轻限制腿窝肌肉压力。

⑤椅子要有适当的尺寸，高度和位置可调整，使操作人员“工作”顺利；在不影响个别动作时，应该有扶手，同时也有脚踏座，以维持较好的座面到脚的位置。

考虑到坐的动机，座椅可简单分为三种：第一种用于休息，设计的重点在于使人体获得最大的舒适感，因此判断这种座椅设计是否有效合理，应以人体的压力感觉是否减至最小，以及人体任何部位的支撑结构只有最小的不舒适等为评判基准，如图7-8所示。第二种是各种作业场所的工作用椅，稳定性是其首要考虑因素，腰部必须

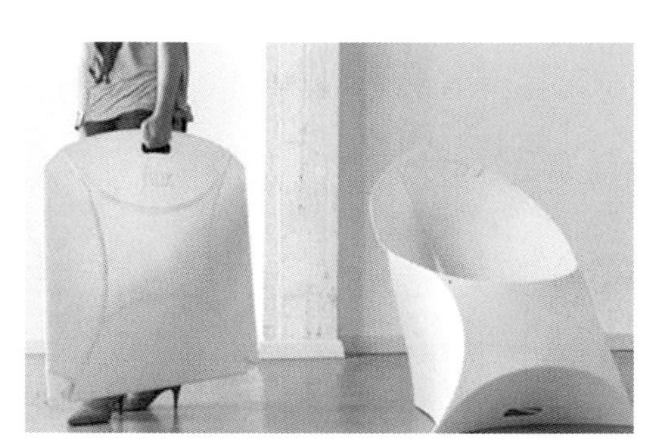

图7-8　以休闲为目的的躺椅

图7-9　以提高工作效率为目的的工作座椅

图7-10a　可存储物品的多用途椅

图7-10b　便于收纳的折叠椅

有正确的支撑，而且体重分布在坐垫上，如图7-9所示。第三种是多用途椅，常用于多方面的目的，如可以存储物品，或者用作备用椅常常需要收藏起来等，如图7-10a、图7-10b所示。

(3) 座椅设计尺寸参数

①座高：休息椅380～450 mm；工作椅350～500 mm。

②座宽：380～480 mm。

③座深：休息椅420～450 mm；工作椅300～400 mm。

④座面角度：休息椅宜采用后倾坐垫；工作椅宜采用前倾式椅面，但必须设置弹性坐垫，否则会降低身体稳定性。

⑤靠背高度与宽度：坐垫上方的靠背向后倾斜或留125～200 mm的开口，根据不同的使用要求，靠背高度取值范围为460～610 mm；宽度为350～480 mm。

⑥ 靠背角度：105°～108°。

⑦ 扶手高度：休息扶手200～230 mm；间距500～600 mm。

⑧ 椅垫：软硬适中。

7.2.2 沙发设计中的人体工程学

沙发设计中的人体工程学是将沙发作为人类工程学中物的要素，着眼于分析人—沙发—环境三者之间的相互关系，根据使用者及室内环境的要求，灵活地运用人体工程学的理论、原则、数据和方法，确定满足人类生理和心理需求的沙发功能、尺度、造型、用材及配色等设计要素。

“以人为本”是沙发设计人体工程学的核心。“舒适性”“功能性”和“安全性”是沙发设计人类工程学的三个基本原则。其中，“舒适性”是沙发设计的首要原则。

(1) 沙发设计与人的行为

沙发是现代客厅家居和办公空间接待区、会谈区的主要家具。因为使用沙发的人群和场合不同，所以人们在生理和心理上对沙发的功能、尺度、体量、形态、色彩等设计要素的要求也各不相同。

以家居沙发为例，坐感松软，靠背支撑到头部，可以在多种坐卧姿态下使用的沙发，适用于热爱休闲和自由生活方式的中青年，尤其是男士；老人身体较弱，行动迟钝，调整坐姿不方便，因此老年人使用的沙发，其座面和靠背都不宜过软，座面倾斜角度不能过大，座高稍低，并需设置高度适宜的扶手；对于天性好动的儿童，沙发就是他们的一组大玩具，孩子们喜欢在沙发上滚爬、跳跃，因此为有儿童的家庭设计沙发时就需要考虑安全性，同时要具备弹性优良、易于清洁等特性。此外，如果是专门为儿童设计沙发，就要在“趣味性”和“娱乐性”方面给予更多的关注，如图7-11a、图7-11b所示。

图7-11a　充满趣味性的儿童沙发

图7-11b　充满娱乐性的儿童沙发

设计沙发时，设计师在分析室内空间和人文环境需求的同时，对人的行为的考虑是非常必要的。这不仅需要设计师细致地观察使用者的行为习惯，而且要从表面的行为进一步探究产生这些行为的原因，深化产品的“舒适性”“功能性”和“安全性”。

（2）沙发设计与人的坐姿

理想的沙发应当坐感舒适，起坐方便。当人就座时，大腿平放，双足着地，身体重心自然略向后倾，脊柱呈正常形态，体压分布合理，全身肌肉放松，血液循环畅通，姿态舒适，如图7-12所示。

设计沙发时，沙发座高、座深、座面倾斜角、靠背倾斜角、座面和靠背的曲度等功能尺寸的确定，需要充分考虑到人类坐姿的合理性和舒适性。如若设计不当，不仅会影响到沙发的使用，甚至会影响到人的健康。下面分别列举了几种典型的不良设计。

①沙发座深过深，如图7-13所示。当人们坐在座面后部使用靠背时，足跟支撑不到地面，甚至整个足部悬空。该坐姿状态下，全身的重量主要集中在臀部及大腿部位，同时膝窝和小腿内侧受压，阻碍了腿部的血液流通，短时间内腿部就会出现麻木感，长时间会出现后背酸痛。另外，如果该沙发座面的倾斜角过小且坐垫偏硬，此时由于该坐姿下的人只受到背部和臀部两点的支撑，人就会不由自主地向座面前端下滑。为阻止下滑，整个身体静态施力，从而加速了人的疲劳。

②沙发靠背倾斜过大，如图7-14所示。此时，人呈下滑趋势，落座感较差。为阻止

下滑，人需要增强足部的蹬力，同时又由于头部和颈部缺少适当的支撑，所以当人坐在沙发上时，犹如长时间保持勒马之势，这种姿态带给人的疲劳感可想而知。

③沙发座面曲度过大，如图7-15所示。这使得人落座后的稳定感减弱，同时由于座面不够平坦，会造成人的下肢臀部和大腿与座面接触部分受压异常，一段时间后将给人带来局部疲劳感。

④沙发曲线过分内弯，如图7-16所示。这种情况实质上是沙发座面和沙发靠背间的夹角过小。图示不利的造型设计使得人的坐姿呈蜷缩状。该坐姿下，人的腹部受到挤压，影响消化系统。同时，人的脊柱形态由正常S形严重变形为内凹形，从而造成人椎间盘压力分布不均匀。另外，脊椎骨依靠其附近的肌肉和肌腱连接，椎骨的定位正是借助于肌腱的作用力。一旦脊椎偏离自然状态，连接椎骨的肌腱组织就会受到相互压力或拉力的作用，使得肌肉的活动度增加，导致疲劳酸痛。

⑤沙发坐垫、背靠材质过于柔软，如图7-17所示。这会使得身体下陷很深，体压分布不合理，人活动不便等。

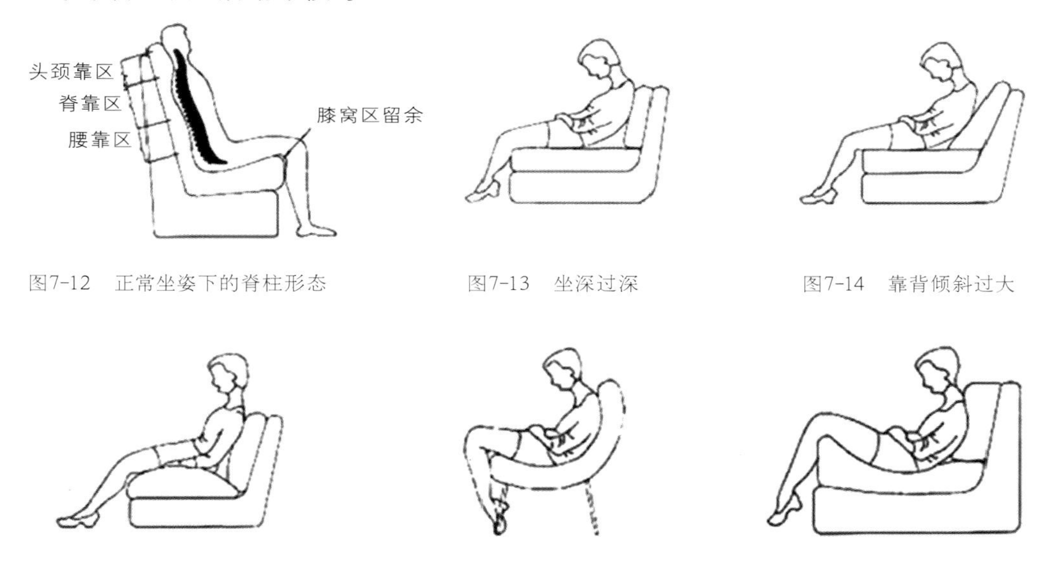

图7-12　正常坐姿下的脊柱形态　图7-13　坐深过深　图7-14　靠背倾斜过大

图7-15　座面曲度过大　图7-16　曲线过分内弯　图7-17　坐靠垫过软

(3) 沙发设计与人体尺度

人体尺度是确定家具功能尺寸最基本的依据。沙发功能尺度的设计，需要将现有的人的尺寸数据或对使用人群进行测量，所得到的尺度数据作为设计基准。另外，由于沙发属于软体类座椅，垫性作用造成其外观尺寸与落座后的尺寸有所差异，因此确定沙发功能尺寸的原则和计算公式与普通座椅不同。

①座高。座高是指座面中轴线前部最高点至地面的距离。按低身材人群设计，即取下限百分位5%的数值作为设计基准，保证较矮的人的足跟能够接触地面。

计算公式：座高＝小腿踝窝高＋足高（鞋跟高）＋坐垫下沉量±适当余量。

沙发座高范围为420～500 mm。软硬度适中的坐垫，下沉量一般为50～60 mm，沙发的座高为420～430 mm。

②座深。座深是指座面前沿中点至座面水平与背面垂直相交线的距离。对于靠背直接支撑人类的沙发，其座深按低身材人群设计，即取下限百分位5%的数值作为设计基准，保证较矮的人能够有效地使用到靠背。

计算公式：座深＝坐姿大腿长－腰靠下沉量－膝窝间隙±适当余量。

沙发座深范围为500～560 mm。普通沙发的座深一般为510～520 mm。对于使用腰枕辅助支撑人类的沙发，其座深可适当加大，一般为580～650 mm。

另外，沙发靠背倾斜角越大，座深也要随之加大。例如，高度休闲沙发的座面可以加深到能够将腿部托起，使人呈半躺状态。此外，还可以增添一个独立的脚踏，以提供足部支撑。

③座宽。座宽是指座面前沿，扶手内侧的座面宽度。按大身材人群设计，即取上限百分位95%的数值作为设计基准，以便至少保证绝大多数人能够有足够的空间来自如地调整坐姿。

计算公式：座宽（n座）＝肩宽（$*n$）＋活动余量。

通过公式计算得到的尺寸是最小参考尺寸。根据沙发的造型款式，实际尺寸可以适当加大。单位沙发的座宽一般为510～650 mm；双位沙发的座宽一般为950～1 150 mm；三位沙发的座宽一般为1 350～1 650 mm。

④靠背高度。靠背高度是指背面上沿中点至背面与座面相交线的垂直距离。按低身材人群设计，即取下限百分位5%的数值作为设计基准。

根据沙发的款式和使用功能，沙发的靠背有三种类型：低靠背、中靠背或高靠背。其中，低靠背提供腰部支撑，高度不高于坐姿肩胛骨的下角，以保证上肢手臂可以灵活地活动；中靠背提供腰部和背部的支撑，高度不高于颈椎点，以保证头部可以灵活地转动；高靠背提供腰、背和头颈三处支撑。

计算公式：

A.低靠高＝坐姿肩胛骨下角高－坐垫下沉量－适当余量；

B.中靠高＝坐姿颈椎点高－坐垫下沉量－适当余量；

C.高靠高＝坐高－坐垫下沉量－适当余量。

通过公式计算出的靠背高度只是一个大概的参考数值，根据沙发的造型款式，该数值可作适当的调整，但都要以实现靠背有效的支撑功能为前提。低靠背的高度一般为310～350 mm，中靠背的高度一般为400～450 mm，高靠背的高度一般为490～550 mm。另外，靠背上腰部、背部、颈和头部三个支撑区域中心点的高度分别为150～180 mm，380～420 mm，450～480 mm。

⑤座面和靠背倾斜角。对于沙发而言，座面倾斜角是指在座面中轴线上，对臀部后端对应的弧作切线，其与水平线之间的夹角。靠背倾斜是指经过座面中线上臀部后端对应的点，对腰部凸出的弧面作切线，其与水平线之间的夹角。

一般沙发的座面倾斜角约为5°，高度休闲沙发的座面倾斜角可达到10°～15°；一般沙发的靠背倾斜角为105°～110°，高度休闲沙发的靠背倾斜角可达到125°～135°。

（4）沙发的垫性

沙发主要由三部分结构组成：骨架结构、内填充结构和外包结构，如图7-18所示。沙发的垫性是由三个结构部分共同作用决定的。

评定沙发垫性的主观项目包括触感、落座感和倚靠感等。在设计实务中，可以通过简单的试验测定垫层的下沉量，将该数据作为软垫设计的基本参考依据。

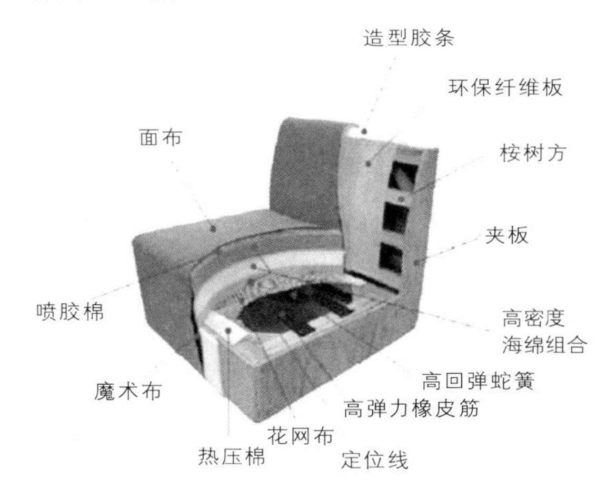

图7-18　沙发结构

软硬度方面，沙发不宜过软，否则人类有陷落感，且不利于调整坐姿。沙发座面、靠背、扶手等支撑部位不同，体表感觉与压力分布均存在着差异，因而对垫性的要求也各不相同。一般沙发靠背应比坐垫柔软；靠背头颈支撑区比腰、背区柔软；沙发座前侧与膝窝和小腿接触部位应较为柔软。

（5）沙发舒适性的评价方法

①主观评价。舒适性是一个抽象的概念。我们在日常生活中通常用“舒服”“不舒服”等词汇来描述沙发的舒适性。在沙发制作实务中，工艺师也习惯凭借个人的经

验，用“偏软”“偏硬”“坐感还可以”等词汇来描述沙发的舒适性要素。然而，这些抽象的词汇并不能真正地将我们的感受表达清楚，甚至由于个体差异造成理解上的偏差。

在科学评价中，我们将沙发的舒适性要素分别列出，诸如座面的软硬度、靠背的软硬度、座面的回弹性、靠背的支撑性、落座感等，采用7级评价指标（软硬度的7级评价表）对各项要素的主观感受进行量化评价，最后将得到的数据进行统计分析。

②客观评价。体压分布评价方法：当座椅上的人类处在安定姿态时，人类重量作用在坐垫和靠背上的压力分布称作体压分布。其分布能否符合人类的生理感觉舒适性要求，特别是臀部的体压分布，是影响座椅舒适性的一个重要因素。因此，我们可以通过体压分布来评价沙发的舒适性。

合理的体压分布并不是一种平均分配的分布。对于座面，最大受压处位于坐骨结节点，其周围压力逐渐向外扩展减弱，直至大腿后部和臀部后端。对于靠背，其高度不同，主要的受力部位也不同。总的来说，位于头部、胸曲部位和腰曲部位的主要受压点分别是头枕骨、肩胛骨和第3、4腰椎。靠背上，位于主要受力点所承受的压力最大，并向周围递减。

在体压实验中，我们通过体压分布仪及配置的软件来获取沙发上的体压分布图及相关数据。最终从直观的图形和客观的数据两方面对体压分布的合理性进行分析，作为评价沙发舒适性的依据。

7.2.3 卧具设计中的人体工程学

安稳的睡眠是我们生活所必需的，人类从生理学、心理学方面对睡眠进行了研究。然而，仅仅靠睡眠科学的进步还不够，还必须有良好的卧具。与身体直接接触的卧具不好的话，仍不能保证良好的睡眠。若卧具好的话，即使环境方面有些不完备，也能起到弥补作用，如图7-19所示。

图7-19　卧具

人的一生有1/3的时间是在床上度过的。我们依靠睡眠解除疲劳，进一步提高身心活力。不健全的睡眠不仅影响白天的活动，而且也是日后各种各样疾病的起因。所谓健全的睡眠，不是睡眠时间越长越好，我们应该用质而不是用量来作评价。

（1）睡眠的基本特征

如果将一个晚上的睡眠过程用模式表示的话，可把睡眠深度分成四个等级，从一级入眠至四级熟睡。一般睡眠过程是从入眠期急速经过第二期、第三期而进入熟睡的第四期。不久回到浅睡眠状态，然后再次进入熟睡。以1.5～2小时为一个周期，经过4次，直到天亮。

我们可以把睡眠比喻成给大脑“充电”。根据生理学家与心理学家的研究，不论人类还是动物都要睡眠，只是在睡眠的形式、时间、地点等方面有所差异而已。

人类的睡眠有三个特征：一是睡眠一般都有固定的场所，如床，而且事先还要更换衣服，是人类隐私行为的组成部分；二是睡眠的个别差异较小，一般成人每天睡眠在5～9小时，平均为7.5小时；最后是人的睡眠时间长短随年龄增加而逐渐减少。

（2）睡眠姿势和人体的构造

睡眠时什么样的姿势最好，似乎不能作出明确的回答。从减少肌肉紧张角度来说，躯体稍稍弯曲，手足自然弯曲的姿势为好，只有侧身睡才能形成这样的姿势。然而人整晚翻身动作可达20～30次，因此，不能用某一睡姿来要求，如图7-20所示。

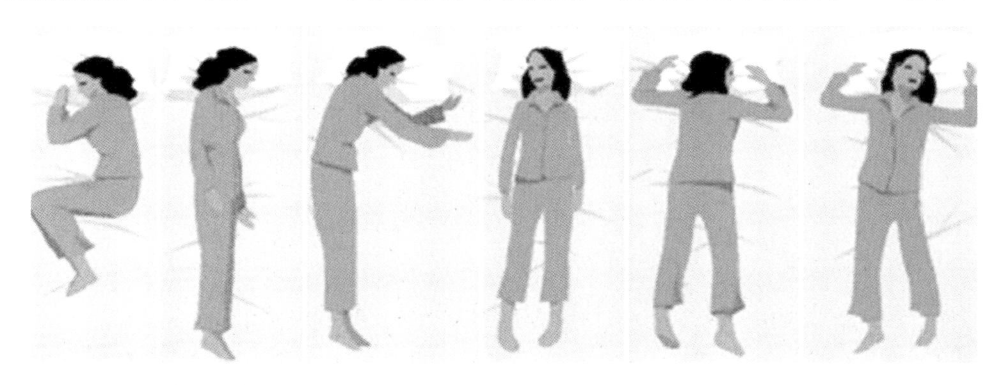

图7-20　睡眠姿势示意图

从制造卧具这方面来考虑，可归结出这样的结论：垫被以仰卧的姿势为基础，以容易翻身为目标。有研究认为取仰卧姿势时，睡眠最深，各种翻身的睡眠姿势都是以仰卧逐步演变的。

我们把上半身分成头部、胸部、骨盆三个部分，它们分别由颈椎和腰椎连结起来。站立姿势时重力向下，但平卧时重力则在各个部分起作用，如图7-21所示。

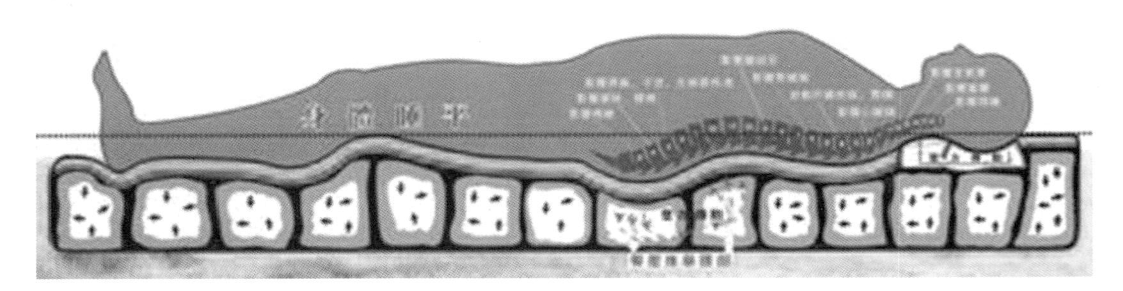

图7-21　平卧时重力作用于人体示意图

仰卧时，背脊骨要比站立时还要直，健康人站立时的背脊成S形弯曲，一般是40～60 mm，睡感舒适时背脊骨的弯曲应相当于站立时的1/2，即20～30 mm。要解决这个问题，从制造卧具方面来说，需要相当复杂的技术。卧具过分柔软会引起麻烦，因为人体是由两个关节连接三个部分而构成的。当用柔软的褥子来支持人体的话，各个部分就会单独陷到褥子中去，而只有关节处浮起，形成了腹部突起的W形，由于这种姿势不自然，因此难以入睡，为了避免这种情况，就会无意识地不断翻身，这样必然会妨碍睡眠。

假设床面为硬板，睡到上面，背脊骨便成为笔直状，弯曲在20 mm左右。这对睡眠姿势来说，几乎达到了满意的范围。但事实上，会觉得有些过直，令背脊骨突出处疼痛，不便翻身。而缓冲是很好解决这种矛盾的办法。无论是棉花、泡沫材料还是弹簧，都能起缓冲作用。若说卧具的生命在于缓冲，其理由也在于此，如图7-22所示。

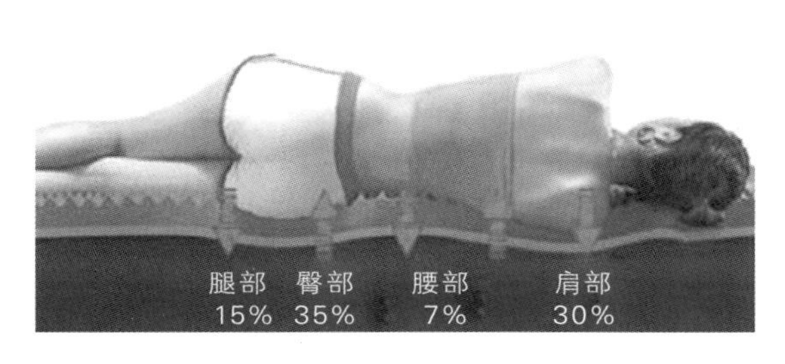

图7-22　侧卧时重力作用于人体示意图

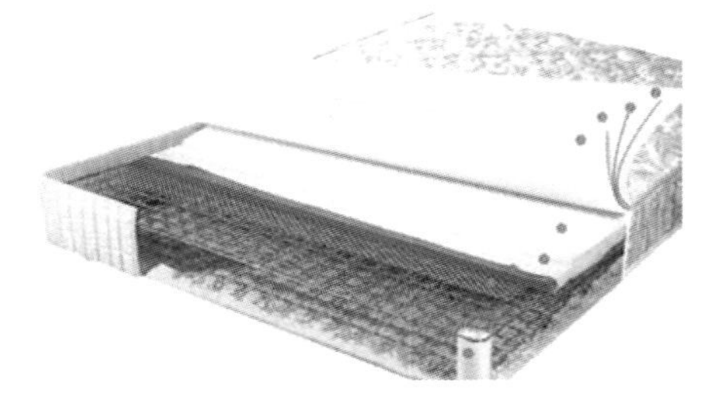

图7-23　床垫结构示意图

(3) 卧具的构造及垫性

床垫一般由三层构造。最上面的A层因为是接触身体的部分，必须柔软。中间的B层应该很硬，睡在这两层上面，可以保持正确的睡眠姿势。第三层C层起着轻柔的缓冲作用，能够水平地保持B层上下升降。如图7-23所示。

西式健康法中有“平床硬枕”之说，即躺在硬板上，枕着半圆形的枕头睡，对健康有好处。遗憾的是，未经过训练的人，在硬板上不能入睡，也不能翻身。若使它既具有柔软的感觉，又可以保持西式提倡的睡眠姿势，就要把床垫的三层构造设计合理。其中垫性软硬度在卧具设计中十分重要，过分软的床的弊端概括如下:

①不利于姿势的保持。

②体压分布不好。

③由于身体的支持不稳定，在无意识中活动肌肉，难于消除疲劳。

④因整个身体向中央弯曲，因此睡起来很不舒服。睡眠期间，因为肌肉放松，这种缺点更加明显。

⑤因身体难以翻身，睡眠会变浅，因这种刺激容易觉醒。

⑥由于整个人陷于褥子中，出汗被抑制而觉得闷热。

(4) 卧具的大小

醒着时，一个人就寝所需的宽度约为500 mm。酣睡时常常要翻身，一个晚上大约20～30次，再加上手脚的小动作，身体要活动数十次。卧具无论软还是硬，翻身的宽度大约是肩宽的2.5～3倍，这个尺寸决定了床的宽度。双人床宽度在1 350 mm以上，单人床宽度可为950 mm。

床的长度与人体尺寸的关系:床的长度为人的身高加上身长的5%，再加150 mm，以保证大多数人（90%）能使用，我国床的长度可为1 900～2 040 mm。

此外，床架不但要考虑牢固耐用，还要注意床面高度，过低过高都不宜。一般应与椅面高度大致相同，即人体高度的1/4为宜。床的高度（包括床垫）400 mm左右较好。由于卧具每天与人体接触，且时间长，因此，除手感应较好外，还应尽可能使用棉、毛、麻等自然材料。

7.3 凭倚性家具中的人体工程学设计

凭倚性家具与人体活动有着密切关系，起着辅助人体活动、承托物体的作用。为适应各种不同的用途，出现了餐桌、写字桌、课桌、制图桌、梳妆台等；另有为站立活动而设置的售货柜台、账台、各种操作台等。这类家具的基本功能是适应在坐、立状态下，进行各种活动时提供相应的辅助条件，并兼作放置或储存物品之用，因此这类家具与人体动作产生直接的尺度关系。一类是以人坐下时的坐骨支撑点（通常称椅坐高）作为尺度的基准，如写字桌、阅览桌、餐桌等，统称坐式用桌，如图7-24所示。另一类是以人站立的脚后跟（即地面）作为尺度的基准，如讲台、营业台、售货柜台等，统称为站立式用桌，如图7-25所示。

图7-24　坐姿用桌

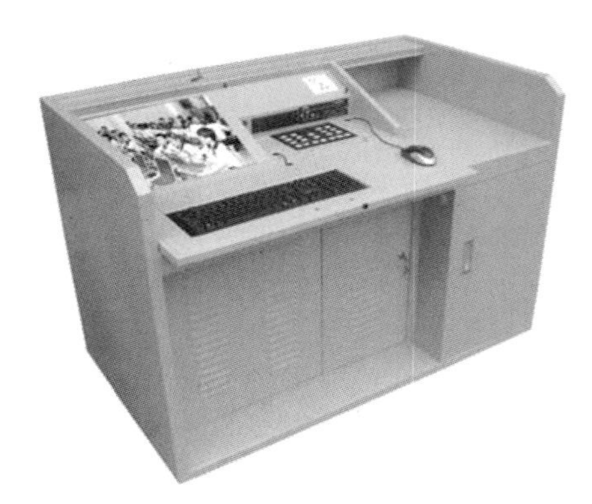

图7-25　立姿用桌

7.3.1　坐式用桌的功能尺度

(1) 桌面高度

桌子的高度与人体动作时肌体的形状及疲劳有密切的关系。经实验测试，过高的桌子容易造成脊椎侧弯和眼睛近视等，从而使工作效率降低；桌子过高还会引起耸肩和肘低于桌面等不正确姿势，从而引起肌肉紧张、疲劳。桌子过低也会使人体脊椎弯曲扩大，易使人驼背、腹部受压，妨碍呼吸运动和血液循环等，背肌紧张也易引起疲劳。

因此，舒适和正确的桌高应该与椅坐高保持一定的尺度配合关系，而这种高差始终是按人体坐高的比例来核计。所以，设计桌高的合理方法是应先有椅坐高，然后再加上桌面和椅面的高差尺寸，便可确定桌高，即：桌高=坐高+桌椅高差（约1/3坐高）。如图7-26所示。

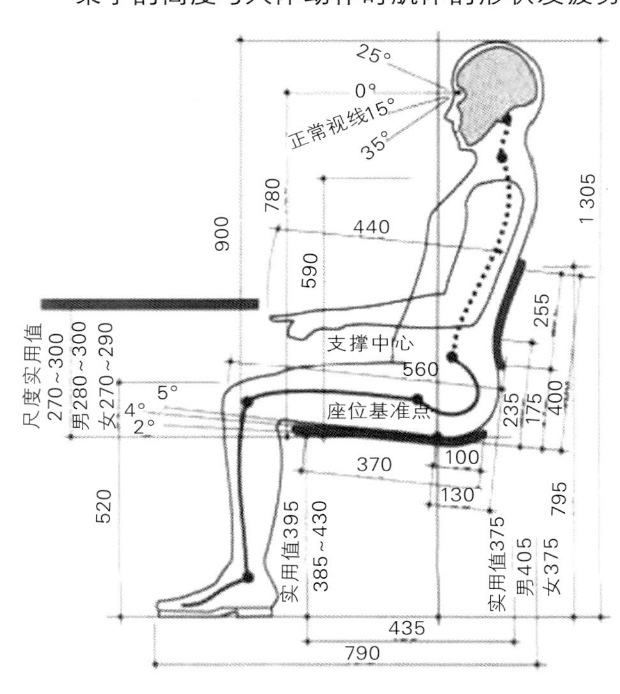

图7-26　人体坐姿用桌与座椅搭配尺寸示意图

桌椅高差的常数可以根据人体不同使用情况有适当的变化。如在桌面上书写时，桌椅高差=1／3坐高－20～30 mm；学校中，课桌椅高差=l／3坐高－10 mm。桌椅高差是通过人体测量来确定的，由于人种高度的不同，该值也不相同。1979年国际标准（ISO）规定的桌椅高差是300 mm，我国标准中规定为250～320 mm。

（2）桌面尺寸

桌面的尺寸应以人坐时手可达到的水平工作范围为基本依据，并考虑桌面可能置放物的性质及其尺寸大小。如果是多功能的或工作时需要配备其他物品的桌面，则还应在桌面上加设附加装置。双人平行或双人对坐形式的桌子，桌面的尺度应考虑双人的动作幅度互不影响（一般可用屏风隔开），对坐时还要考虑适当加宽桌面，以符合对话中的卫生要求等。总之，要依据手的水平与竖向的活动幅度来考虑桌面的尺寸，如图7-27所示。

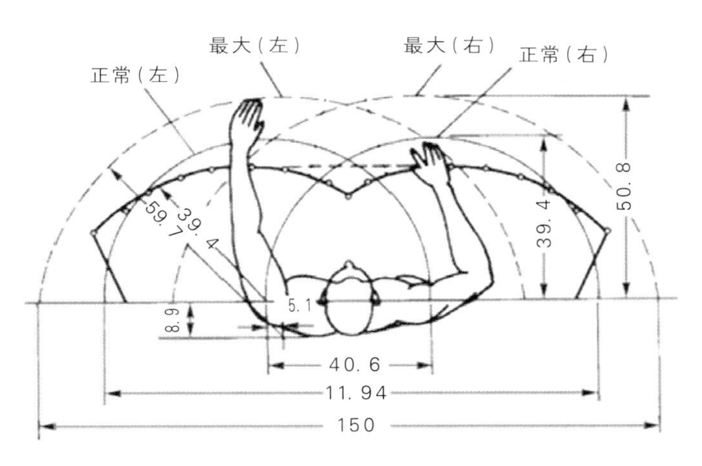

图7-27　上姿水平活动范围

至于阅览桌、课桌等桌面，最好应有约15°的斜坡，能使人获取舒适的视域。因为当视线向下倾斜60°时，则视线与倾斜桌面接近90°，文字在视网膜上的清晰度就高，既便于书写，又使背部保持着较为正常的姿势，减少了弯腰与低头的动作，从而减轻了背部的肌肉紧张和酸痛现象。但在倾斜的桌面上，往往不宜陈放东西，所以不常采用。对于餐桌、会议桌之类的家具，应以人体占用桌边缘的宽度去考虑桌面的尺寸，舒适的宽度是按600～700 mm来计算的，通常也可缩减为550～580 mm的范围。各类多人用的桌面尺寸就是按此标准核计的。

(3) 桌下净空

为保证下肢能在桌下放置与活动，桌椅面的高差值为300 mm，桌面下的净空高度应高于双腿交叉时的膝高，并使膝部有一定的上下活动余地。所以抽屉底板不能太低，桌面至抽屉底的距离应不超过桌椅高差1／2，即120～160 mm。因此，桌子抽屉的下缘离开椅坐至少应有178 mm的净空，净空的宽度和深度应保证两腿能自由活动和伸展，如图7-28所示。

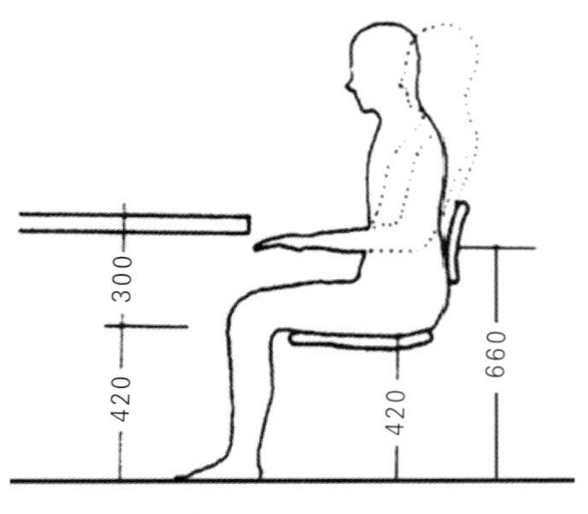

图7–28　桌下净空示意图

7.3.2　站立式用桌的功能尺度

站立式用桌或工作台主要包括售货柜台、营业柜台、讲台、服务台、陈列台、厨房低柜洗台以及其他各种工作台等。

(1) 台面高度

站立用工作台的高度，是根据人站立时自然屈臂的肘高来确定的。按我国人体的平均身高，工作台高以910～965 mm为宜；对于精密作业的台面，台面高度应高于立姿肘高；对于要适应于用力的工作而言，则台面可稍降低20 ～50 mm，如图7-29所示。

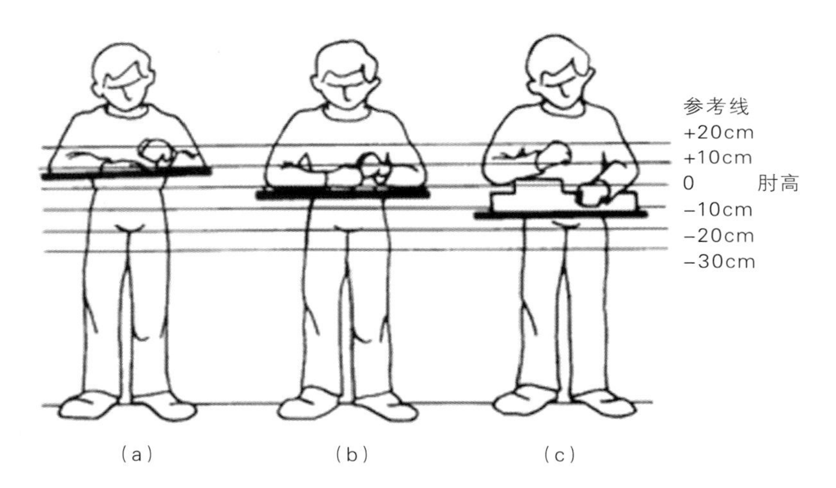

图7–29　不同工作性质的立姿用桌高度尺寸示意图

(2) 台下净空

站立用工作台的下部，不需要留有腿部活动的空间，通常是作为收藏物品的柜体来处理。但在底部需有置足的凹进空间，一般内凹高度为80 mm，深度为50~100 mm，以适应人紧靠工作台时着力动作之需，否则，难以借助双臂之力进行操作，如图7-30所示。

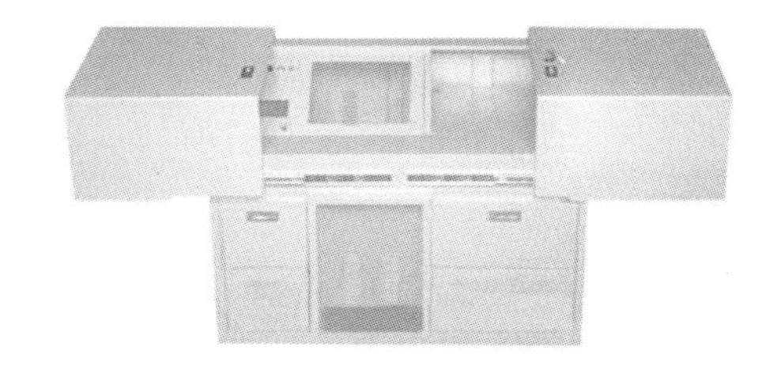

图7-30　多媒体用桌

(3) 台面尺寸

站立用工作台的台面尺寸主要由所需的表面尺寸和表面放置物品状况及室内空间和布置形式而定，没有统一的规定，视不同的使用功能作专门设计。至于营业柜台的设计，通常是采用写字台和工作台两者兼有的基本要求进行综合设计的。

7.4　储存类家具中的人体工程学设计

储存类家具又称储藏类或储存性家具，是收藏、整理日常生活中的器物、衣物、消费品、书籍等的家具。根据存放物品的不同，可分为柜类和架类两种不同储存方式。柜类主要有大衣柜、小衣柜、壁橱、被褥柜、床头柜、书柜、玻璃柜、酒柜、橱柜、各种组合柜、物品柜、陈列柜、货柜、工具柜等；架类主要有书架、餐具食品架、陈列架、装饰架、衣帽架、屏风和屏架等。

储存类家具的功能设计必须考虑人与物两方面的关系：一方面要求储存空间划分合理，方便人们存、取，有利于减少人体疲劳；另一方面又要求家具储存方式合理，储存数量充分，满足存放条件。

7.4.1　储存类家具与人体的尺度关系

人们日常生活用品的存放和整理，应依据人体操作活动的可能范围，并结合物品使用的繁简程度去考虑它存放的位置。为了正确确定柜、架、搁板的高度及合理分配空间，首先必须了解人体所能及的动作范围。这样，家具与人体就产生了间接的尺度关系。这个尺度关系是以人站立时，手臂的上下动作为幅度，按方便的程度来说，可分为最佳幅度和一般可达极限。通常认为在以肩为轴、上肢为半径的范围内存放物品最方便，使用次数也最多，又是人的视线最易看到的视域。因此，常用的物品就存放在这个取用方便的区域，而不常用的东西则可以放在手所能达到的位置，同时还必须按物品的使用性质、存放习惯和收藏形式进行有序放置，力求有条不紊、分类存放、各得其所，如图7-31所示。

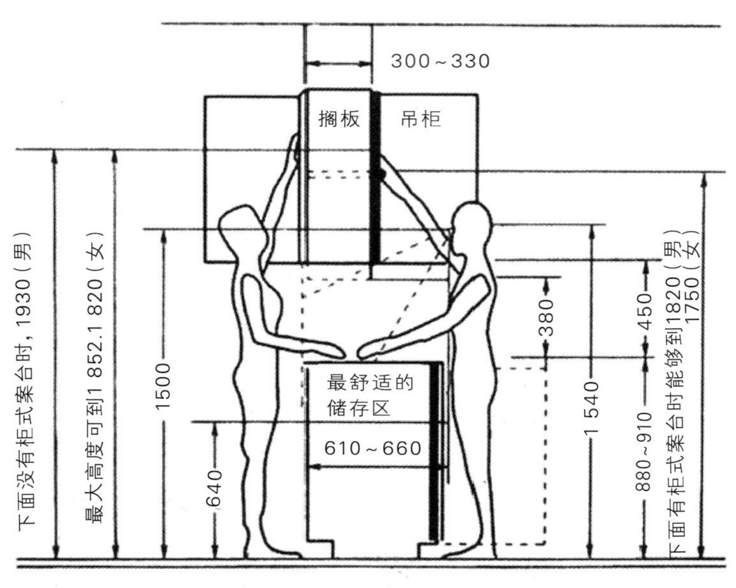

图7-31 垂直作业域实例

（1）高度

储存类家具的高度根据人存取方便的尺度来划分，可分为三个区域：第一区域为从地面至人站立时手臂下垂指尖的垂直距离，即650 mm以下的区域，该区域存储不便，人必须蹲下操作，一般存放较重而不常用的物品（如箱子、鞋子等杂物）。第二区域为以人肩为轴，从垂手指尖至手臂向上伸展的距离（上肢半径活动的垂直范围），高度在650～1 850 mm，该区域是存取物品最方便、使用频率最多的区域，也是人的视线最易看到的视域，一般存放常用的物品（如当季衣物和日常生活用品等）。若需扩大储存空间，节约占地面积，则可设置第三区域，即柜体1 850 mm以上区域（超高空间），一般可叠放柜、架，存放较轻的过季性物品（如棉被、棉衣等）。

在上述第一、二储存区域内，根据人体动作范围及储存物品的种类，可以设置搁板、抽屉、挂衣棍等。在设置搁板时，搁板的深度和间距除考虑物品存放方式及物体的尺寸外，还需考虑人的视线，搁板间距越大，人的视域越好，但空间浪费较多，所以设计时要统筹安排。

（2）宽度与深度

至于橱、柜、架等储存类家具的宽度和深度，是由存放物的种类、数量和存放方式以及室内空间的布局等因素来确定，而在很大程度上还取决于人造板材的合理裁割与产品设计系列化、模数化的程度。一般柜体宽度常以800 mm为基本单元，深度上衣柜为550 ～ 600 mm，书柜为400 ～ 450 mm。这些尺寸是综合考虑储存物的尺寸与制作时板材的出材率等的结果。

储存类家具设计，除考虑上述因素外，从建筑的整体来看，还须考虑柜类体量在室内的影响以及与室内要取得较好的视觉等因素。从单体家具看，过大的柜体与人的情感较疏远，在视觉上似一道墙，体验不到它给我们使用上带来的亲切感。

7.4.2 储存类家具与储存物的尺度关系

储存类家具除了考虑与人体尺度的关系外，还必须研究存放物品的类别、尺寸、数量与存放方式，这对确定储存类家具的尺寸和形式起着重要作用。为了合理存放各种物品，必须了解各类存放物容积的最佳尺寸值。因此，在设计各种不同的存放用途的家具时，首先必须仔细地了解和掌握各类物品的常用基本规格尺寸，以便根据这些素材分析物与物之间的关系，合理确定适用的尺度范围，以提高收藏物品的空间利用率。既要根据物品的不同特点考虑各方面的因素，区别对待，又要照顾家具制作时的可能条件，制定出尺寸方面的通用系列。

一个家庭中的生活用品是极其丰富的，因此，储存类家具设计应力求使储存物或设备做到有条不紊、分门别类地存放和组合设置，使室内空间取得整洁的效果，从而达到优化室内环境的作用。

8 人体工程学在环境艺术设计中的应用

在越来越注重生活品质的现代社会，人们不但十分重视视觉环境的设计，对物理环境、生理环境以及心理环境的要求也越来越高，人体工程学的知识也被广泛运用到各种环境空间的设计中。本章主要探讨为人创造舒适、安全和卫生的室内外环境的基本理论和方法。

8.1 人体工程学在环境空间设计中的作用

人们在工作和生活中总是离不开物质设施，这些物质设施有的是生活和工作的工具，有的构成了人类生活的空间环境。人们生活的质量和工作的效能在很大程度上取决于这些设施是否适合人类的行为习惯和身体方面的各种能力特征。因此环境空间设计（无论公共场所还是私人空间）质量的好坏不是单纯的空间组合设计。

人体工程学的宗旨是以达到舒适、安全和高效为目的，它是建筑与室内设计不可缺少的基础之一。从设计的角度来说，人体工程学主要功用往往通过对生理和心理的正确认识，根据人的体能结构、心理形态和活动需要等综合因素，充分运用科学的方法，通过合理的空间和设施、家具的设计，使环境因素适应人类生活活动的需要，进而达到提高室内环境质量，保证人在室内的活动高效、安全和舒适的目的。

人体的结构非常复杂，从人类室内活动的角度来看，人体的运动器官和感觉器官与环境空间的关系最密切。运动器官方面，人的身体有一定的尺度，活动能力有一定的限度，无论是采取何种姿态进行活动，皆有一定的距离和方式，因而与活动有关的空间和家具器物的设计必须考虑人的体形特征、动作特性和体能极限等因素；感觉器官方面，人的知觉、感觉与环境之间存在着极为密切的关系，诸如温度、湿度、光线、声音等环境因素皆直接和强烈地影响着人的知觉和感觉，并进而影响人的活动效果。人体工程学在环境空间设计中的作用主要体现在以下几个方面：

(1) 为确定活动空间范围提供设计依据

活动空间范围及家具设备数量、大小的影响因素相当多，但是最主要的因素是以空间使用者的尺度、动作行为空间、心理空间等作为参照的依据。因此，在确定空间范围时，首先要准确测定出人在立、坐、卧时的平均尺寸，还有人们在使用各种家具、设备和从事各种活动时所需空间范围的面积、体积与高度，搞清使用这个空间的人数，从而定出空间的面积与高度。

(2) 为家具设计、设备的使用提供依据

所有家具的设计、设备的生产和使用都要为人所用，其形态、尺度都必须以人体的尺度为主要依据，必须符合人们的活动和使用安全方面的要求，使人和物达到最佳的协调状态。家具的主要功能是实用，因此无论是坐卧类家具还是储存类家具都要满足使用要求。坐卧类家具的椅、床等要让人坐着舒适、书写方便、睡得香甜、安全可靠、减少疲劳感；属于储存类家具的柜、橱、架等要有适合储存各种衣物的空间，并且便于人们存取。为满足上述要求，设计家具时必须以人体工程学为指导，使家具符合人体的基本尺寸和从事各种活动需要的尺寸。

(3) 为确定人的感觉对环境的适应能力提供依据

人体工程学不仅是简单的人体生理尺度应用，还包括人体心理感觉的相关应用。感觉分为视觉、听觉、嗅觉、触觉等与环境相关的几种类型。人的感觉能力是有差别的，从这一事实出发，人体工程学既要研究一般的规律，又要研究不同年龄、不同性别的人的感觉能力的差异。研究这些问题，找出其中的差异，对相关群体使用的环境进行设计时就会有针对性。

(4) 为环境系统的优化提供设计依据

人一机一环境是一个系统工程，在环境系统中人、器物和环境是相互作用的关系。如何在系统中协调好三方面的因素，获得宜人的环境及高效的环境系统，是人体工程学与环境设计共同的课题。

(5) 为事故的预防提供设计指导

在环境设计中，是否应用人体工程学原则关系到作业空间的安全、健康因素，特别是在工作场所设计中人体工程学原则的应用尤为重要：温度、照明、噪声、震动、有毒气体和作业空间尺度等因素都会成为事故产生的原因。

(6) 为重要类型（如住宅、办公室和学校等）的环境设计提供人体工程学理念和设计指导

不同类型的环境空间对于设计的要求是不同的。重要类型（如住宅、办公室和学校等）的环境对于其设计有着更高的要求，设计师要针对环境类型的特性参照人体工程学的设计理念、设计指导进行相关工作。

(7) 为弱势群体及无障碍环境设计提供依据

设计公共空间时，要兼顾正常人及弱势群体的通用设计要求，实现无障碍的环境设计。

8.2 人体工程学在室内环境设计中的应用综述

8.2.1 室内光环境设计

室内光环境可以分为自然照明和人工照明两大类型。天然采光设计就是利用日光的直射、反射和投射等性质，通过各种采光口设计，给人以良好的视觉和舒适的光环境；人工照明设计就是利用各种人造光源的特性，通过灯具造型设计和分布设计，造成特定的人工光环境。

(1) 自然采光

①自然光线的作用。光线照亮一切物体，有了光线，人才能看清世界。太阳光线不仅具有生物学及化学作用，同时对人类的生活和健康也具有重要意义。

A.有利因素：利用阳光中的紫外线可以治疗某些疾病；阳光中的红外线具有大量

的辐射热，可以借此提高温度；光线能改变周围环境，可以创造丰富的视觉效果。

当然，天然采光还有其他优点：天然光线，不仅因为它的照度和光谱性质对人的视觉和健康有利，而且由于它和室外自然景色联系在一起，还可以提供人们所关心的气候状态，提供三维形体的空间定时、定向和其他动态变化的信息。

B.不利因素：长期在阳光下工作易疲劳；过多的紫外线会使皮肤发生病变；过多的直射阳光在夏季会使室内过热，不合理的光照会使工作面产生炫目现象。

②自然采光的影响因素。

A.窗户形状：水平窗可以使人感到舒服、开阔；垂直窗可以取得条屏挂幅式构图景观和大面积实墙；落地窗可取得同室外环境紧密联系感；高窗台可以减少眩光，取得良好的安定感和私密性；通过天窗可以看到天空的云影，并提供时光的信息，使人置身于大自然的感觉。而各种漏窗、花格窗，由于光影的交织，似透非透，虚实对比，使自然光透射到粉墙上，而产生变化多端、生动活泼的景色，如图8-1所示。

B.特殊建筑构建：室内设计中增加各种洞口、柱廊、隔断等特殊建筑构部件，它们同窗户一样，也可以使天然光在室内产生各种形式多样、变化莫测的阴影，起到丰富多彩的视觉形象作用，如图8-2所示。

C.玻璃的作用：利用玻璃的各种特性，可以给室内造成不同感受的采光效果：

无色的白玻璃——给人以真实感；

磨砂的白玻璃——使人产生朦胧感；

玻璃砖——给人以安定感；

各种折射、反射的镜面玻璃——给人带来丰富多彩的感觉。

(2) 人工照明

太阳光谱具有固定的光色，而人工照明却具有冷光、暖光、弱光、强光、各种混合光，可根据环境意境而选用。如果说色彩具有性格的倾向和感情的联想，那么人工照明却可以使色彩产生变化和运动。人工照明对室内光环境的创造、环境氛围的渲染起到非常重要的作用。

①人工照明作用。由于光源的革新、装饰材料的发展，人工照明已不只是满足室内一般照明、工作照明的需要，而进一步向环境照明、艺术照明发展。它在商业、居住，以及大型公共建筑室内环境中，已成为不可缺少的环境设计要素。如利用灯光可以指示方向；利用灯光造景；利用灯光扩大室内空间等，如图8-3、图8-4所示。

图8-1	图8-2
图8-3	图8-4

图8-1　光影交织的漏窗
图8-2　柱廊光影
图8-3　具有指示方向的人工照明
图8-4　利用灯光造景

②人工照明方法：均匀照明、局部照明、重点照明。

A.均匀照明（环境照明），以均匀的方式来照亮空间，其光的照明分散性可以有效地降低工作面上的照明和环境表面照明之间的对比度。还可以减弱阴影，使墙的转角变得更柔和、舒展，其特点是灯具悬挂得较高。

B.局部照明（工作照明），为满足视力要求而照亮某一特定空间区域，光源通常安放在工作面附近。

C.重点照明（局部照明的一种形式），可产生各种聚焦点以及有明暗节奏的图形，可缓解普通照明的单调性，突出空间的特色或强调某种物品。

③人工照明质量。人工照明质量指光照技术方面有无眩光和炫目显现，以及照度均匀性、光谱成分及阴影问题，如图8-5所示。

A.视野中发光表面亮度很大时视度会下降，这种现象就是眩光。

B.照度相差悬殊，瞳孔会经常变大或变小来适应各种亮度，容易引起视觉疲劳。

C.光谱对于识别物体颜色的真实性影响较大。

D.光线方向视觉质量影响也很大。

图8-5　人工照明质量高的观众厅设计

8.2.2　室内色彩环境设计

(1) 色彩与室内环境氛围

人依靠眼睛可获得87%的外来消息，而眼睛只有通过光的作用在物体上才能获得印象，而色彩先于造型作用于人的感知系统，故色彩有唤起人的第一视觉的作用。

色彩能改变室内环境气氛，影响视觉的印象。故有经验的建筑师和室内设计师都十分重视色彩对人的生理、心理的作用，十分重视色彩能唤起人的联想和情感的效果，以及在室内设计中创造富有性格、层次和美感的色彩环境。

室内环境气氛主要是利用色彩的知觉效应，如利用色彩的温度感、距离感、重量感、冷暖感等来调节和创造室内环境气氛。

如在缺少阳光或阴暗的房间，采用暖色，以增添亲切温暖的感觉；在阳光充足的房间，则往往采用冷色，起减低室温感的作用。

在旅馆门厅、大堂、电梯厅和其他一些逗留时间短暂的公共场所，适当使用高明度、高彩度色彩，可以获得光彩夺目、热烈兴奋的气氛，如图8-6所示；在住宅居室、旅馆客房、医院病房、办公室等房间里，采用各种调和灰色可以获得安定柔和、宁静的气氛，如图8-7所示；在空间低矮的房间常采用轻远感的色彩来减少室内空间的压抑感，如图8-8所示；而对于室内较大的房间，则采用具有收缩感的色彩避免使人感到室内空旷，如图8-9所示。

即使在同一房间，从天花板、墙面到地面，色彩往往是从上到下由明亮到暗重，以获得丰富色彩层次，扩大视觉空间，加强空间的稳定感。

在具体的色彩环境中，各种颜色是互相作用而存在的，在协调中得到表现，在对比中得到衬托。离开具体环境讨论色彩，毫无意义。

图8-6　光彩夺目的宾馆大堂

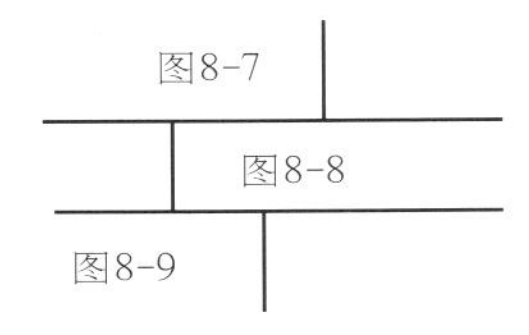

图8-7　安定柔和的宾馆客房
图8-8　轻远感的色彩减少空间的压抑感
图8-9　收缩感的色彩避免空间的空旷感

(2) 室内色调

①室内色彩设计的根本目的是创造适合人们需要的室内环境气氛，而室内色彩环境却因人、因事、因时、因地而不同。

A.因人——这是室内环境的主体，不同民族、性别、年龄、文化、爱好和不同气质的人对色彩环境要求也有不同。即使是同一主体，因受环境影响和自身情感的变化，对色彩的认识和爱好也会改变。即使是同一家庭，因家庭成员对色彩认识的差异，也会有不同的要求，因此就出现如何协调色彩配置的关系问题。

B.因事——室内功能、室内环境性质的不同，对色彩的要求也不同。生产用房要考虑生产性质的特点。（如生产工艺的要求，工人在劳动中的心理需求，如何有利于安全生产，减轻工人疲劳，提高劳动效率）

C.因时——不同时代、不同季节、不同时间，对色彩的要求也各不相同。冬季希望室内温暖些，采用暖色调；夏季又希望阴凉些，采用冷色调。不同时代又出现所谓不同的“流行色”，特别是家具和陈设的色彩变化很大，也会影响室内色环境。

D.因地——所谓“因地”是指客观环境、室内空间大小、比例和形态、建筑朝向。室外景观和自然环境等不同，室内色环境也不一样。即使是同一栋房子，朝北和朝南的房间对色彩要求也不一样，空间大的房间不希望色彩造成空旷感，空间小的房间不希望造成压抑感。另外，室内物品的多少、各个界面和材料等均会影响室内色彩。

注意点：各地的民俗、民情甚至政策法规也对色彩有影响，甚至限制，如在封建社会里，对金色、朱色均有一定的等级限制。

②色调的规律概括。

色调是色彩设计的意境，配色是色彩设计的方法，调色是色彩设计的技巧。

A.按色相分——各种色彩有各种性格，也就构成各种基调。

B.按明度分——明调、暗调、高调、低调等。

C.按彩度分——鲜艳调、灰调等。

D.按色性分——冷调、暖调等。

(3) 室内配色

所谓“室内配色”就是室内色彩设计在确定色彩基调（即色调）后，利用色彩的物理性能及其对生理和心理的影响，进行配色，以充分发挥色彩的调节作用。“色彩基调”——室内环境受墙面、顶棚与地面的影响较大，故其色彩可以作为室内色彩环境的基调。墙面通常是家具、设备、生产操作台的背景，故家具、设备和操作台又会影响墙面，从而产生色彩的协调和对比问题。这是室内色彩环境气氛创造中的一个核心问题。

一般采用同色调和与类色调和，前者给人以亲切感，后者易给人以融合感。在采用对比调和时，即采用相差较大和变化统一的色相、明度和彩度，给人一种强烈的刺激感。

为了突出室内重点部位，强调其功能的作用，使人显而易见，因此需要重点配色。这时，色彩在色相、明度和彩度方面应和背景有适当的差别，使其起到装饰、注目、美化或警示的效果。

室内色彩的使用必须服从整体设计，服从主调或主调的制约；室内设计要注意重点色的运用；用色不可过多；这就是室内用色的三要素。

①室内装饰的主色调。室内色彩虽然是由许多方面所组成（如吊顶面色、墙面色、地面色、家具色以及陈设物的色等），但各部分的色彩变化都应服从一个基本色调，才能使整个室内装饰呈现和谐的完美整体性，如图8-10所示。常见的主色调有：

A．红、黑、金色系——富贵庄重。

B．红、白、金色系——华丽高贵。

C．蓝、绿、白色系——使人联想起蓝天、森林、白云，清新自然。

D．咖啡、米黄、牙白色系——高雅、和谐、宁静、稳重。

E．蓝、灰、银色系——有科技感与空间感。

F．黑、白、木色黄色系——清逸、高雅、别致。

G．粉红、紫灰、米灰色系——温馨、活泼与快乐可爱。

一般室内色彩，不论什么颜色都可以用黑白金银木色来相配，而得到调和自然，还可利用其中的一两种来统一整个空间的色彩。

②注意重点色的运用。在室内色彩的主色调中，又分为背景色、主体色和强调色彩三种，其中主体色和强调色称为重点色。

所谓背景色彩，常指室内天花、墙壁面的大面积色彩。根据色彩面积的原理，这部分的色彩以采用彩度较弱的沉静色最为相宜，使其发挥作为背景色彩的烘托作用。

所谓主体色彩，经常指可移动的家具部分的色彩，这部分的色彩常采用较为突出的色彩。

图8-10　和谐的暖色调酒吧

所谓强调色彩，是指最易于变动的陈设品部分的小面积色彩，往往采用最为突出的强烈色彩，使能发挥它的强调功效。

实际应用上，也可根据表现装饰手法的需要，而将主体色彩和背景色彩部分互换，使室内色彩更为灵活。例如，一个墙面可采用主体色，而部分家具采用背景色；又如木家具用主体色，而沙发套、椅套、窗帘等织物可以与墙壁一样用背景色。

③室内环境的配色方法。造型美，产生于形体、色彩和材料美的综合，人们在观察室内装饰空间时，第一感觉就是室内所有色彩搭配的综合效果。一个室内空间采用相同材料和造型来装饰，如果配色不同，会产生或华丽或朴素等各式各样的环境气氛。

在任何情况下，室内色彩搭配要注意调和，方法如下:

A.单色相配色法。指室内空间采用某一色相为主，当然，其色彩的明度和彩度可以有所变化，形成统一的色调，如黄色调、红色调、绿色调。这种方法的最大优点在于能创造鲜明的室内色彩感情，产生单纯而细腻的色彩韵味，尤其适用于小空间或静态空间，但应注意避免产生单调感，如图8-11a、图8-11b所示。

B.类似色配色法。选择一组类似色，并通过其明度与彩度的配合，使室内产生一种统一中富有变化的效果，这种方法容易形成高雅、华丽的视觉效果，适用于中型空间或动态空间，如图8-12a、图8-12b所示。

图8-11a　蓝色调的起居室

图8-11b　黄色调的起居室

图8-12a　高雅、华丽的类似色调

图8-12b　高雅、华丽的类似色调

C. 补色配色法。选择一组对比色，充分发挥其对比效果，并通过明度与彩度调节以及面积的调整而获得对比、和谐的效果。这种方法容易引发强烈动感的效果，适用于大型动态空间、娱乐空间等，如图8-13a、图8-13b所示。

D. 无彩色调色法。如果两个色的组合不协调，加入黑、白、灰或过渡色，还可以取得更为和谐统一的效果。如蓝与绿总不易调和，但如果在其间加入白色，就能补救这种不调和的现象，如图8-14a、图8-14b所示。

色彩在室内装饰中不仅是创造视觉美的主要媒介，而且还兼有个性的表现、光线的调节、空间的调整、气氛的造就等机能方面的作用。在现代室内设计中，用色一定不能复杂化，每个部分的用色要服从整个室内装饰的主色调，最终达到室内装饰效果完美的目的。

图8-13a　色彩对比活泼的儿童房间

图8-13b　色彩对比强烈的酒吧

图8-14a　黑、白、灰无彩色调和

图8-14b　黑、白、灰无彩色调和

(4) 室内环境的配色应注意的问题

①室内用色不宜过多，室内的色彩通常只采用三种色相的色彩为主要色调，而选择金色或银色为配色。

②色质与色彩种类要处理得当。当室内的色彩较多时(三种左右)，其同色的材料色质变化要少。如室内色彩较少时（一两种），其同色的材料色质变化可较多，即用色质的变化来改变色彩的单调感，如同是灰色，就可用灰色地毯、灰色油漆、灰色窗帘等来调节。

③在一个平面上不可色量过大，过大时给人的感觉极不舒服。

8.2.3　室内界面质地设计

室内界面质地设计就是利用物体表面的视觉和触觉特性，根据材料的物理力学性能和材料表面的肌理特性，对空间各个界面进行选材、配材和纹理设计。

所谓“室内空间界面”主要包括围护空间的各个界面，如天花板、墙面、地面、柱子以及家具、陈设、隔断等物体的表面。室内空间各个界面设计，必须服从室内环境总的构思，即立意，或称为意境、基调。好的、贵重的材料，如果应用不当，也不一定会产生好的意境和好的视觉效果。按照设计概念，材料没有贵贱之分，只有利用好坏之别。一个有经验的室内设计师，应该根据立意，因地制宜地选用材料，科学、合理地进行材料配置，利用光影等其他视觉因素，进行物体表面的质地设计。

质地是材料表面给人视觉和触觉上的印象。空间设计时，应结合室内空间的性格和用途，根据室内环境总的意境来选用合适的材料，利用固有本色，结合光照和色彩设计，点缀、装修有关界面。

①质地的知觉特性。质地是由物体的三维结构而产生的一种特性。质地常用来形容物体表面粗糙或平滑的程度，以及物体表面材料的品质。比如石材的粗糙、坚实；木材的纹理、轻重；纺织品的纹路、柔软等。

光线照射在物体的表面，不仅能反映出物体表面的色彩特性，同时也能反映物体表面的质地特性。根据人们以往的经验，物体表面的特点和性能在视知觉中会产生一个综合印象，从而反映出物体表面质地的品质和物体表面光和色的特性。

质地的知觉依靠人的视觉和触觉来实现。视觉对质地的反映有时真实，有时不真实，这主要受视觉机能和环境因素的影响。当然，物体表面质地还可以通过触觉来感知，人们可以知觉物体表面材料的性能、表面质地、物体的形状和大小。

②质地的视觉特性。物体表面的物理学性能，材料的肌理，在不同光线和背景作用下，产生了不同的质地视觉特性。

A.重量感。由于经验和联想，材料的不同质地给视觉造成了轻重的感觉。例如，当人看到石头和金属时，就会感觉是很重的物体；看到棉麻时，就会感觉是轻的物体。

B.温度感。由于色彩影响和触感的经验，不同的材料给视觉形成温度的感觉。例如，当人看到瓷砖时，就会产生阴凉的感觉；见到木材或者毛纺织品时，就会产生温暖的感觉。

C.空间感。在光线作用下，物体表面和肌理不同，对光的反射、散射、吸收造成不同的视觉效果。表面粗糙的物体，如毛面石材或粉刷，容易形成光的散射，给人的感觉就比较近。相反，表面光滑的物体，如玻璃、金属、瓷砖、磨光石材等，容易形成光的反射，甚至镜像现象，给人感觉就比较远。因此，物体表面材料的肌理对光线的影响，会造成室内视觉空间大小不同的感觉。

D.方向感。由于物体表面材料的纹理不同，会产生不同的指向性。例如，木材的肌理，其纹理有明显的方向性，不同方向布置会造成不同的方向感。水平布置会显得物体表面向水平方向延伸，垂直布置则向高度方向延伸。物体表面质地的方向特性，也会影响空间的视觉特性。如材料纹理方向呈水平设置，室内空间会显得低，相反会显得高。不仅木材的纹理、石材的纹理，就是粉刷或面砖的铺砌方向，均会造成质地的方向感。

E.力度感。物体表面材料的硬度会给触觉以明显的感觉。例如，石材很坚硬，棉麻编织品很柔软，木材硬度适中。由于经验、触觉的这些特性，在视觉上也会造成同样的效果。当室内墙面是“软包装”，就会感到室内空间很轻巧、很舒适，如采用植物织品或木材贴面。相反，室内墙面采用面砖、花岗石材等，即“硬包装”，视觉上就会感到很坚实、很有力。

质地的视觉特性并不是单一地表现在一个环境中，往往是综合作用的，并随室内各个界面不同材质的组合，加上其他视觉因素，如形、色、光、空间等的综合作用，从而使室内环境产生各种各样的视觉效果。

③质地设计的表达方法。空间界面质地设计的基本原则和色彩设计基本相同，即统一与变化、协调与对比：在统一中求变化，在变化中求统一；协调中有重点，对比中有呼应。界面质地的表达则是通过界面材料的选择、配置、界面材料细部处理来实现的。

首先是界面材料的选择。

A.选择柔和、舒适的界面材料。为了创造一个祥和、温馨的居室环境，除了采用暖色调、漫射光照以外，首先要选择柔和、舒适的界面材料，如采用木地板或地毯，墙面和顶棚采用木材、墙布、亚光的油漆或粉刷，尽可能不用或少用光滑的石材或反光的金属。接近人体的家具、设备的表面应该是光滑或手感好的材料，如木材或植物编织品，如图8-15a、图8-15b所示。

B.选用质地光滑、沉重的石材等。如为了创造一个明亮、庄重、典雅的银行营业厅，可能选用质地光滑、沉重的石材装饰地面、墙面、柱子和柜台等，采用粉刷装饰顶棚，或者对顶棚作特殊设计，利用散射光达到粗犷的效果，如图8-16a、图8-16b所示。

图8-15a　天然木材在住宅中的应用

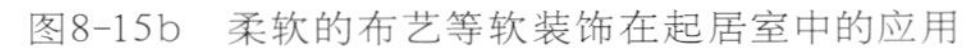

图8-15b　柔软的布艺等软装饰在起居室中的应用

图8-16a　陶瓷、石材在银行营业厅中的运用

图8-16b　陶瓷、石材在银行营业厅中的运用

其次是界面材料的配置。空间界面质地设计不仅仅只是几个大面（顶棚、墙面）的设计，多数情况下室内的家具、设备、陈设等物体表面材料的搭配对室内环境气氛的影响甚至会超过各大界面的影响。因此，质地的材料选配、面积的大小、图案的尺度应和空间尺度以及其中主要块面的尺度相关联，也要和空间里的中等体量相关联。因为质地在视觉上总是趋向于充满空间，所以在小房间里使用任何一种肌理时必须很谨慎，而在大房间里，肌力的运用会减小空间尺度。

在实际设计中，如餐馆为了呈现古老朴实的乡村格调，餐厅墙面的凹凸粉刷、餐桌上的老式台布、餐厅顶棚的木结构、墙上的朴素装饰，均烘托了乡村气息，如图8-17a、图8-17b所示。

图8-17a　朴实格调的乡村餐馆

图8-17b　朴实格调的乡村餐馆

最后是界面材料的细部处理。没有质地变化的房间是乏味的，空间界面的质地纹理应该采用对比的方法来选配界面材料。坚硬与柔软的组合、平滑与粗糙的组合、光亮与灰涩的组合，各类质地的组合都可以用来创造各种变化。当然，纹理选择与分布必须适度，应着眼于它们的秩序性和系列性上，如果它们有着某种共同性，比如反光程度相似的视觉重量感，那么对比质地之间也能产生和谐性。在图案设计中，应注意它的尺度大小，太小了图案不显著，而变成了材料的纹理。此外，界面的质感应尽可能地利用结构材料的组合方式来产生不同的视觉效果。

8.2.4　室内空间设计

(1) 室内空间的构成

根据人的行为，人与环境的交互作用将空间构成分为相互关联、共同作用的三部分：行为空间、知觉空间和围合结构空间。

①行为空间包含人及其活动范围所占有的空间。例如，人站、立、坐、跪、卧等各种姿势所占有的空间；人在生活和生产过程中占有的空间，如通道的空间大小，打球则要满足足球在运动中所占有的空间大小，看电影则要满足视线所占有的空间大小，劳动时则要满足工作场所的空间大小，等等。

②知觉空间指人及人群的生理和心理需要所占有的空间。例如，教室的行为空间一般有2.1 m就已足够，但这时人就会感到压抑、声音传递困难、空气不新鲜、人与人之间感觉太挤，一句话，这个高度不能满足人的视觉、听觉和嗅觉对上课的要求，就需要扩大行为空间范围，如增加到4.2 m。那么，这2.1 m就是知觉空间，它的大小也受到行为空间的影响。

③围合结构空间则包含构成室内外空间的实体，如院子是围墙所占有的空间，室内则是楼地面、墙体、柱子等结构实体以及设备、家具、陈设等所占有空间，这是构成行为和知觉空间的基础。

（2）空间视觉特性

物质空间具有大小、形状、方向、深度、质地、明暗、冷暖和广阔感等视觉特性。这些特性主要是被人的感觉系统感知的，尤其是视觉系统几乎能感知空间的所有特性。

①空间大小。主要有两种类型：一是几何空间尺度的大小，它不受环境因素影响，几何尺寸大的空间显得大，相反则显得小；另一种是视觉空间尺度大小，无论在室外还是在室内，空间尺度大小都是由比较产生的视觉概念。视觉空间大小包含两种观念：

A.围合空间的界面之间的实际距离的比较：距离大的空间大，距离小的空间小。实界面多的空间显得小，虚界面多的空间显得大。此外，还受其他如光线、色彩、界面质地等环境因素的影响。

B.人和室内空间的比较：人多了，空间显得小；人少了，空间显得大。儿童活动空间对成人而言就显得小，相反成人活动的空间对儿童而言就显得大。

在实际设计中常用的空间大小调节方法：

A.以小比大：当室内空间较小时，可采用矮小的家具、设备和装饰配件。

B.以低衬高：当室内净高较小时，常采取局部吊顶，造成高低对比，以低衬高。

C.划大为小：室内空间不大时，常将顶棚或墙面，甚至地面的铺砌，均采用小尺度的空间或界面的分格，造成视觉的小尺度感，与室内整个空间相比而显示其空间尺度较大。

D.界面的延伸：当室内空间较小时，有时将顶棚（或楼板）与墙面交接处设计成圆弧形，将墙面延伸至顶棚（相对缩小了顶棚面积），使空间显得较高，或将相邻两墙的交接处（即墙角）设计成圆弧或设计成角窗，使空间显得大。

E.其他方法：通过光线、色彩、界面质地的艺术处理，使室内空间显得宽阔。

②空间形态。任何一个空间都有一定的形状。它是由基本的几何形（如立方体、球体等）的组合、变异而构成的。结合室内装修、灯光和色彩设计，形成室内空间丰富多彩的形状和艺术效果。常见的室内空间形态有以下几种：

A.结构空间:通过空间结构的艺术处理，显示空间的力度和艺术感染力，如一些商场的大型柱子，一旦把它变成截面，便成为很好的装饰构件，如图8-18所示。

B.封闭空间：采用坚实的围护结构，很少虚的界面，无论在视觉、听觉、肤觉等方面，均造成与外部空间隔离的状态，使空间具有很强的封闭性、内向性、私密性和神秘感，如图8-19所示。

C.开敞空间：室内空间界面，尽可能采用通透的或开敞的、虚的界面，使室内空间与外部空间贯通、渗透，使空间具有很强的开放感。例如，把大面积实体墙设计成玻璃墙，这样室外景色和室内景色融为一体，空间就呈现很强的开放性，如图8-20所示。

图8-18 装饰显眼的柱体

图8-19 充满神秘感的朗香教堂

图8-20 室内与室外空间的交融

D.共享空间：为了适应各种交往活动的需要，在同一大的空间内，组织各种公共活动。空间大小结合，小中有大，大中有小；室内、室外景色结合，各种活动穿插进行；山水、绿化结合，楼梯和自动扶梯或电梯结合，使空间充满动态，如图8-21所示。

图8-21　医院共享空间

E.流动空间：通过各种电梯使人流在同一空间内流动，通过各种变化的灯光或色彩使人看到在同一空间里的景观变化，或是通过流动的人工“瀑布”等使人看到在同一空间里景观的流动，共同形成室内空间状态的流动，如图8-22所示。

F.迷幻空间：迷幻空间就是通过各种奇特的空间造型、界面处理和室内装饰，造成室内空间的神秘、神奇的艺术效果，使人对空间产生迷幻的感觉，如图8-23所示。

G.子母空间：子母空间是大空间中的小空间，是对空间的二次限定。既满足使用要求，又丰富了空间层次，如图8-24所示。

③空间方向。通过室内空间各个界面的处理、构配件的设置和空间形态的变化，使室内空间产生很强的方向性，如图8-25所示。

④空间深度。所谓“空间深度”就是与出入口相应的空间距离，它的大小会直接影响室内景观的深度和层次，如图8-26所示。

⑤空间质地。空间的质地主要取决于室内空间各个界面的质地，由于各个界面的共同作用，使它起到各个界面互相影响的艺术效果，它对室内环境气氛有很大的影响，如图8-27所示。

⑥空间明暗。空间的明暗主要取决于室内的光环境和色环境的艺术处理，以及各个界面的质地，如图8-28所示。

图8-22 图8-23
图8-24

图8-22　大型商场流动空间
图8-23　充满动态的迷幻空间
图8-24　“厅中室”的子母空间

图8-25	图8-26
图8-27	

图8-25　连续上升感强的弧线楼梯
图8-26　室内景深强，有引导顾客的艺术效果
图8-27　“软”材料的空间质地

图8-28　柔和、温馨的卧室

⑦空间冷暖。室内空间的冷暖，在设备上取决于采暖和空气调节设备；而在视觉上取决于室内各个界面、室内家具和设备各个表面的色彩，采用冷色调即有冷的感觉，采用暖色调则有暖的感觉，如图8-29所示。

图8-29　冷色调的室内艺术效果

⑧空间旷奥度。空间的旷奥度（广阔感），即空间的开放性与封闭性，这是空间视觉的重要特性。它是空间各种视觉特性的综合表现，涉及面很广，故在下面作详细的介绍。

空间旷奥度，归根结底是空间围合表面的洞口大小，多数情况下是指门窗、洞口的位置、大小和方向。这里包括侧窗、天窗和地面的洞口。同时，它还包含室内空间的相对尺度，各个围合界面的相对距离和相对面积比例的大小。

随着建筑物向多层和高层发展，室内空间的扩大，开间和深度的加大，已经不是靠窗户来解决，而是采用人工照明和空气调节来补偿，出现了所谓“无窗厂房”“大厅式”办公空间等。实践证明，长期在这“封闭性”很强的空间里生活和工作，对人的生理和心理都是有害的，容易造成精神疲惫、体力下降、抗病能力减低，如图8-30所示。

图8-30　无窗公共办公空间

室内空间旷奥度常见的处理手法如下:

A.旷奥度随着虚实视觉界面的数量而变化。实的视觉界面（如顶棚、墙面、地面）的数量越多，则室内空间奥的程度越强（则封闭性越强），相反，则旷的程度越强。

B.长方体（或方向性强的形体）的室内空间旷奥度。其虚的界面（门窗洞口）设在短边方向（或形体指向性强的一面），或在墙角（二个墙面交界处，即转角窗，或在顶墙交接处设高窗），其室内空间开放性要比虚的界面设在长边更强。这是形体指向诱导的结果。

C.在室内空间尺度不变的情况下，若改变顶棚的分格的大小，旷奥度也随之变化。另外，如果在顶棚或地面挖一个洞，形成上下空间的贯通，则室内显得宽敞。

D.如果改变室内的家具、陈设的数量或尺度，或者减少家具等陈设，室内就显得宽敞。

E.空间旷奥度还随着室内光线的照度大小，色彩的冷暖、界面质地的粗糙或光洁，室内温度高低等变化而变化。一般情况下，照度高、冷色调、质地光洁、温度偏冷，室内空间显得宽敞。

F.当室内净高小于人在该空间的最大视野的垂直高度时，则空间显得压抑。当室内宽度小于最大视野的水平宽度，则空间显得狭小。

(3) 行为与室内空间设计

①行为空间和知觉空间。适应人们行为要求的室内空间尺度是一个相对概念，空间的大小也是动态的尺寸。室内空间尺度是一个整体的概念，它首先要满足人的生理要求（同时存在心理因素的影响），其次要满足人的心理要求（同时存在生理需求的影响，如听觉、嗅觉等）。它涉及环境行为的活动范围（三维空间）和满足行为要求的家具、设备等所占的空间大小。

人们行为要求的空间，它的容积基本是不变的，我们称之为使用功能的空间尺寸，主要根据人们的使用要求来调整空间的形态，而无法通过其他物理技术手段来压缩空间的大小。例如通道，要满足大多数人行走要求的话，最小宽度是600 mm，最小高度是2 000 mm，小于这个尺寸，正常行走就感到困难。

而人们知觉要求的空间，它的容积是变化的。例如，满足听觉、嗅觉要求的听觉空间和嗅觉空间，不仅仅通过空间的大小来适应其要求，而且可以通过物理技术手段来调节空间的大小，如电声系统、空调系统。即使是视觉空间，也可以利用错觉，适当调整其空间感。

行为空间和知觉空间是相互关联、相互影响的，不同的环境、场所有着不同的要求。但是，当行为空间尺度超过一般的视觉要求后，行为空间将和知觉空间几乎融为一体。比如体育馆、剧场、电影院等的空间尺寸较大，在这样大的行为空间里，一般的知觉要求都能够实现，就不需要再增加知觉空间了。

而在有些情况下，行为空间尺度比较小。如教室，满足上课行为的空间高度2.4 m就够了，但在多数情况下，这样的高度就显得太低了。这就需要适当增加知觉空间，将高度增至4.2 m。而如果是会议室，高度2.4 m也可以了，这又涉及空间尺度的比例问题和空间环境对行为的制约或支持作用。

②行为与室内空间设计的关系。室内设计是室内环境各种因素的综合设计，人的行为是其中的一个主要因素。人的行为与室内空间设计的关系主要表现在以下几个方面。

A.确定行为空间尺度。室内空间大致可分为大空间、中空间、小空间以及局部空间等不同的行为空间尺度。

大空间:主要指公共行为的空间，如体育馆、宾馆大堂、礼堂、大餐厅、大型商场、营业大厅、大型舞厅等。在这类空间中，空间尺度大，个人空间基本等距离，空间感是开放性的，因此要特别处理好人际行为的空间关系。

中空间:主要指事务行为的空间，如办公室、会议室、教室、实验室等。这类空间既不是单一的个人空间，又不是相互没有联系的公共空间，而是少数人由于某种关联而聚合在一起的行为空间。这类空间既有开放性，又有私密性。确定这类空间尺度，首先要满足个人空间的行为要求，然后再满足与其相关的公共事务行为的要求。

中空间最典型的例子就是办公室，宜采用半敞开的组合家具成组布置，既满足了个人办公要求，又方便同事间的相互联系。

小空间: 一般指具有较强个人行为的空间，如卧室、客房、经理室、档案室、资料库等，这类空间的最大特点是具有较强的私密性。这类空间的尺度一般不大，主要满足个人的行为活动要求。

局部空间: 主要是指人体功能尺寸空间，该空间尺度的大小主要取决于人的活动范围。满足人的静态空间要求主要是人站、立、坐、卧、跪时的空间大小，满足人的动态空间要求主要是人在室内走、跑、跳、爬时的空间大小。

B.确定行为空间分布。根据人在室内环境中的行为状态，行为空间分布表现为有规则和无规则两种情况。

规则的行为空间，其多数为公共空间，这类空间主要有以下几种分布状态：

a.前后状态的行为空间，如演讲厅、报告厅、教室等具有公共行为的室内空间。在这类空间中，人群基本分为前后两个部分。每一部分人群既有自己的行为特点，又相互影响。因此设计时，首先应根据周围环境和人群各自的行为特点，将室内空间分为两个形状、大小不同的空间。再根据两种人群行为的相关程度和行为表现以及知觉要求来确定两个空间的距离。各部分的人群分布再根据行为要求、人际距离来考虑。

b.左右状态的行为空间，如展览厅、商品陈列厅、画廊、商场等具有公共行为的室内空间。在这类空间中，人群呈水平展开分布，且多数呈左右分布状态。这类空间的分布特点是具有连续性。因此设计时，首先要考虑人的行为流程，确定行为空间秩序，然后再确定空间的距离和形态。

c.上下状态的行为空间，如楼梯、电梯、中庭等具有上下交往行为的室内空间。在这类空间中，人的行为表现为聚合状态。因此设计时，关键是要解决疏散问题和安全问题。经常采用的是按消防分区的方法来分隔空间。

d.指向性状态的行为空间，如走廊、通道、门厅等具有显著方向感的室内空间。在这类空间中，人的行为状态表现为指向性很强。因此设计时，特别要注意人的行为习性，空间方向要明确，并具有导向性。

不规则的行为空间：大多为个人行为较强的室内空间，如居室、办公室等。人在这类空间中的分布多数较为随意，因此这类空间设计时特别要注意灵活性，使之能适应人的多种行为要求。

C.确定行为空间形态。人在室内空间中的行为表现具有很大的灵活性，即使在行为很有秩序的室内空间，其行为表现也具有较大的机动性和灵活性。人的行为和空间形态的关系，也可以看作是内容和形式的关系。一种内容有多种形式，一种形式也可以有多种内容，室内空间形态是多样的。

常见的室内空间形态的基本平面图形有圆形、方形、三角形及其变异图形，如长方形、椭圆形、钟形、马蹄形、梯形、菱形、L形等，以长方形居多。采用哪一种空间形态，需要根据人在室内空间中的行为表现、活动范围、分布状况、知觉要求、环境可能性，以及物质技术条件等诸多因素来研究确定。

D.行为空间组合。行为空间尺度、行为空间行为分布、行为空间形态确定以后，我们就要根据人们的行为和知觉要求对室内空间进行组合和调整。对于单一的室内空间，如教室、卧室、会议室，办公室等，主要是调整室内空间的布局、形态和尺度，使之能够适应人的需要。对于多数的室内空间，如展览馆、旅馆、商场、剧场、图书馆、俱乐部等，则首先要按人的行为进行室内空间组合，然后再进行单一空间的设计。

8.3 人体工程学在家居设计中的应用

家居空间是人们居住、休息、生活、学习的空间场所。居室自身的功能特点决定了其共同的使用者数量不多，主要是家庭成员，且居室的空间、大小、高度在建筑时已被确定，各房间的空间尺度相对差异不大。家庭是社会组成结构的基本单元，人在结束一天的工作后通常比较劳累，回到家中有效地放松、缓解身体疲劳和精神紧张是非常重要的。因而，在设计时，应该多从人体在居室平面空间里的行为尺度和功能需求来考虑，其舒适性、宜人性显得尤为必要。

在家庭生活中，人的活动主要有饮食、休息、起居和家务卫生等，涉及的空间分别为厨房、卧室、门厅（玄关）、起居室、卫生间和阳台等。

8.3.1 人体工程学与门厅（玄关）设计

门厅是住宅入口的室内过渡空间，也是由户外进入户内的过渡空间，其会给人留下第一印象。门厅一般空间较小，宽度不大，故在门厅设计时，其家具摆设不宜过多，尽量留出空间以便人在换鞋或整理时有活动的余地。另外，对人体的视觉感受也需重视，可采用隔断与家具相结合，对视线进行阻挡和缓冲，避免进门就对室内“一览无余”，如图8-31所示。

8.3.2 人体工程学与起居室的设计

(1) 起居室的性质

起居室是家庭成员生活的主要活动空间，设计人员要充分利用自然条件、现有建筑空间因素以及环境设备等人为因素加以综合考虑，以保障家庭成员各种活动的需要。人为因素方面包括合理的照明方式、良好的隔声处理、适宜的温湿度、恰当的储藏位置和舒适的家具等。更重要的是必须使活动占据正确有利的空间位置，并建立自然顺畅的连接区域。此外，在视觉上，起居室的形式必须以展露家庭的特定风格为原则，采用独具个性的风格和表现方法，使之充分发挥“家庭窗口”的作用。原则上，起居室宜设在住宅的中央位置，并接近主入口，但两者之间应适当隔断，避免直接通过主入口而向户外暴露，使人心理上产生不良反应。此外，起居室应保证良好的日照，并尽可能选择室外景观较好的位置，这样人们不仅可以充分享受大自然的美景，更可感受到视觉和空间效果上的舒展与伸展。

图8-31　简约时尚的玄关

（2）起居室的功能

起居室中的活动是多种多样的，其功能是综合性的，家庭中八成以上的活动都是在起居中完成。起居室的存在使家庭和外部也有了一个良好的过渡，下面就详细分析一下起居室中所包容的各种活动的性质及其相互关系，如图8-32所示。

图8-32　多种功能的起居室

①家庭聚谈及休闲。起居室首先是家庭团聚交流的场所，这也是起居室的核心功能，往往是通过一组沙发或坐椅的巧妙围合而形成，其位置一般位于起居室的几何中心处，以象征此区域在居室中的中心位置。在西方，起居室是以壁炉为中心展开布置的，温暖、装饰精美的壁炉构成起居室的视觉中心。而现代壁

炉由于失去了原有功能已变为一种纯粹的装饰，或被电视机取代，家庭的团聚围绕电视机展开休闲、饮茶、谈天等活动，形成了一种亲切而热烈的氛围。

②会客。起居室往往兼顾了客厅的功能，是一个家庭对外交流的场所。在布局上要符合会客的距离和主客位置的要求，在形式上要创造适宜的气氛，同时要表现家庭的性质及主人的品位，达到微妙的对外展示效果。在我国，传统住宅中的会客区域是方向感较强的矩形空间，视觉中心是中堂画和八仙桌，主客分列八仙桌两侧。而现代会客空间的格局则要轻松得多，它位置随意，可以和家庭谈聚空间合二为一，也可以单独形成亲切会客的小场所。围绕会客空间可以设置一些艺术灯具、花卉、艺术品以调节气氛。会客空间随着位置、家具布置以及艺术陈设的不同，可以形成千变万化的空间氛围。

③视听。听音乐和观看表演是人们生活中不可缺少的部分。西方传统的住宅起居室中往往给钢琴留出位置，而我国传统住宅的堂屋中常常有听曲看戏的功能。人们的生活随着科学技术的发展也在不断变化着，收音机的出现曾一度影响了家居的布局形式，而现代视听装置的出现对其位置、布局以及与家居的关系提出了更加精密的要求，电视机的位置与沙发坐椅的摆放要吻合，以便坐着的人都能看到电视画面。另外，电视机的位置和窗的位置有关，要避免逆光以及外部景观在屏幕上形成的反光，它们会对观看效果产生影响。

④娱乐。起居室中的娱乐活动随着人们生活水平和科技的发展，形式越来越多，主要包括看家庭电影、玩棋牌、唱卡拉OK、弹琴、打游戏机等。根据主人的不同爱好，应当在布局中考虑到娱乐区域的划分，根据每一种娱乐项目的特点，以不同的家具布置和设施来满足娱乐功能要求。例如，卡拉OK厅可以根据实际情况单独设立沙发、电视，也可以和会客区域融为一体来考虑，使空间具备多功能的性质。而棋牌娱乐则需有专门的牌桌和座椅，对灯光照明也有一定的要求，家具布置一般根据实际情况可以处理成为餐桌、餐椅相结合的形式。游戏厅则较为复杂，应视具体种类来决定其区域位置以及面积大小。

⑤阅读。在家庭的休闲活动中，阅读占有相当大的比例，以一种轻松的心态去浏览报纸杂志或小说对许多人来讲是一件愉快的事情。这些活动没有明确的目的性，具体时间也很随意，因而不一定必须在书房进行。这部分区域在起居室中的位置并不固定，往往随时间和场合而变动。例如，白天人们喜欢靠近有阳光的地方阅读，晚上习

惯在台灯或落地灯旁阅读，而伴随着聚会所进行的阅读活动形式更不拘一格。阅读区域虽然有变化的一面，但对照明和坐椅的要求以及存书的设施要求仍是有一定规律的。因此，必须准确地把握分寸，以免把起居室设计成书房。

（3）起居室的布局要求

①起居室功能应主次分明。从以上对起居室功能进行的详细分析和陈述可以看出，起居室是一个家庭的核心，可以容纳多种性质的活动，形成若干个区域空间。但是有一点必须引起注意，即众多的活动区域有一个主要的区域，并以此区域形成起居室的空间核心。在起居室中通常以聚谈、会客空间为主体，辅助以其他区域而形成主次分明的空间布局。而聚谈、会客空间的形成往往是以一组沙发、坐椅、茶几和电视柜围合形成，又可以以装饰地毯、天花造型以及灯具相呼应来达到强化中心感的目的。

②起居室的交通要避免斜穿。起居室在功能上作为住宅的中心，在住宅交通上是住宅交通体系的枢纽，常和室内的过厅、过道以及客房的门相连，而且常采用套穿形式。如果设计不当就会造成过多的斜穿流线，使起居室空间的完整性和安定性受到一定的破坏。因此在进行室内设计时，尤其在布局阶段一定要注意对室内交通流线的研究，避免斜穿及室内交通路线太长。措施之一是对原有的建筑布局进行适当的调整，如调整户门的位置；措施之二是利用家具的布置来巧妙围合、分割空间，以保持区域空间的完整性。

③起居室空间应相对隐蔽。在实际中常常遇到的另一个棘手问题是起居室直接与户门相连，甚至在户门开启时，楼梯间的行人可以对起居室的情况一目了然，这些状况严重地破坏了住宅的私密性和起居室的安全感、稳定感。起居室兼作餐厅使用时，客人的来访对家庭生活影响较大。因此在室内布置时，宜采取一定措施进行空间和视线的分隔。在户门和起居室之间应设屏风、隔断，或利用隔墙和固定家具形成交点；当卧室门或卫生间门和起居室直接相连时，可以使门的方向转变一个角度或凹入，以增加隐蔽感来满足人们的心理需求。

④起居室须通风防尘。要保持良好的室内环境，除了达到视觉美观以外，还要给居住者提供洁净、清新、有益健康的室内空间环境，保证室内空气流通。空气的流通分为两种，一种是自然通风，一种是机械通风，机械通风是对自然通风不足的一种补偿手段。在炎热地区有时必须利用机械通风来保持室内温度。在自然通风方面，起居室不仅是交通枢纽，而且常常是室内组织自然通风的中枢，因而在作室内布置时不宜

削弱这种作用，尤其是在隔断、屏风的设置上，应使其尺寸和位置尽量不影响空气的流通。而在机械通风的情况下，也要注意因家具布置不当而形成的死角对空调功效产生的影响。

防尘是保持室内清洁的重要手段之一，国内住宅中的起居室常常直接与户门相连，兼具玄关（前室）功能，同时又起到通往卧室的过道作用。为防止灰尘进入卧室，应当在起居室和户门之间处理好防尘问题，采取必要的措施，如密封门，地面加脚垫，增加过渡空间等。

（4）起居室家具常用尺寸

起居室的家具根据人体功能需求的不同，在造型和尺寸上有很大的区别，如图8-33所示。

8.3.3 人体工程学与厨房的设计

（1）厨房的形式

厨房是服务空间中最重要的组成部分。在平面布局上，厨房通常与餐厅、起居室紧密相连，有时还与阳台相连。随着生活水平的不断提高，越来越多的人已意识到厨房的设计和质量关系到整套住宅的功能，如图8-34所示。

（2）厨房的功能

厨房的功能主要有三个，即烹调食物、洗涤食物原材料和餐具、储藏与饮食相关的原材料和用具。家庭中作为主厨的人在厨房中停留的时间比较长，从事的活动也比较复杂，容易产生疲劳和厌烦的感觉。因此，应当从人性化的角度出发，系统地设计厨房环境中的各个细节，合理布局，以减轻家庭中主厨的身体疲劳和心理疲劳。

（3）厨房类型

厨房按性质的不同可以分为封闭式厨房和开放式厨房。在西方的餐饮文化中，烹饪方式以烤箱烤制为主，油烟比较少，因此，西方国家的厨房设计一般为开放式厨房，即厨房与餐厅在同一个整体空间内，有的甚至与客厅的空间相连。而中国餐饮文化中，烹饪方式以煎炒为主，油烟较大，从而导致室内空气污染比较严重，因此，中式的厨房设计一般采用的是封闭式，即厨房的三个功能分区——备餐区、烹饪区与就餐区相互分离。

（4）厨房的设置

在厨房设计中，涉及的设计对象有很多，如吊柜、底柜、切菜的操作台、水池、煤

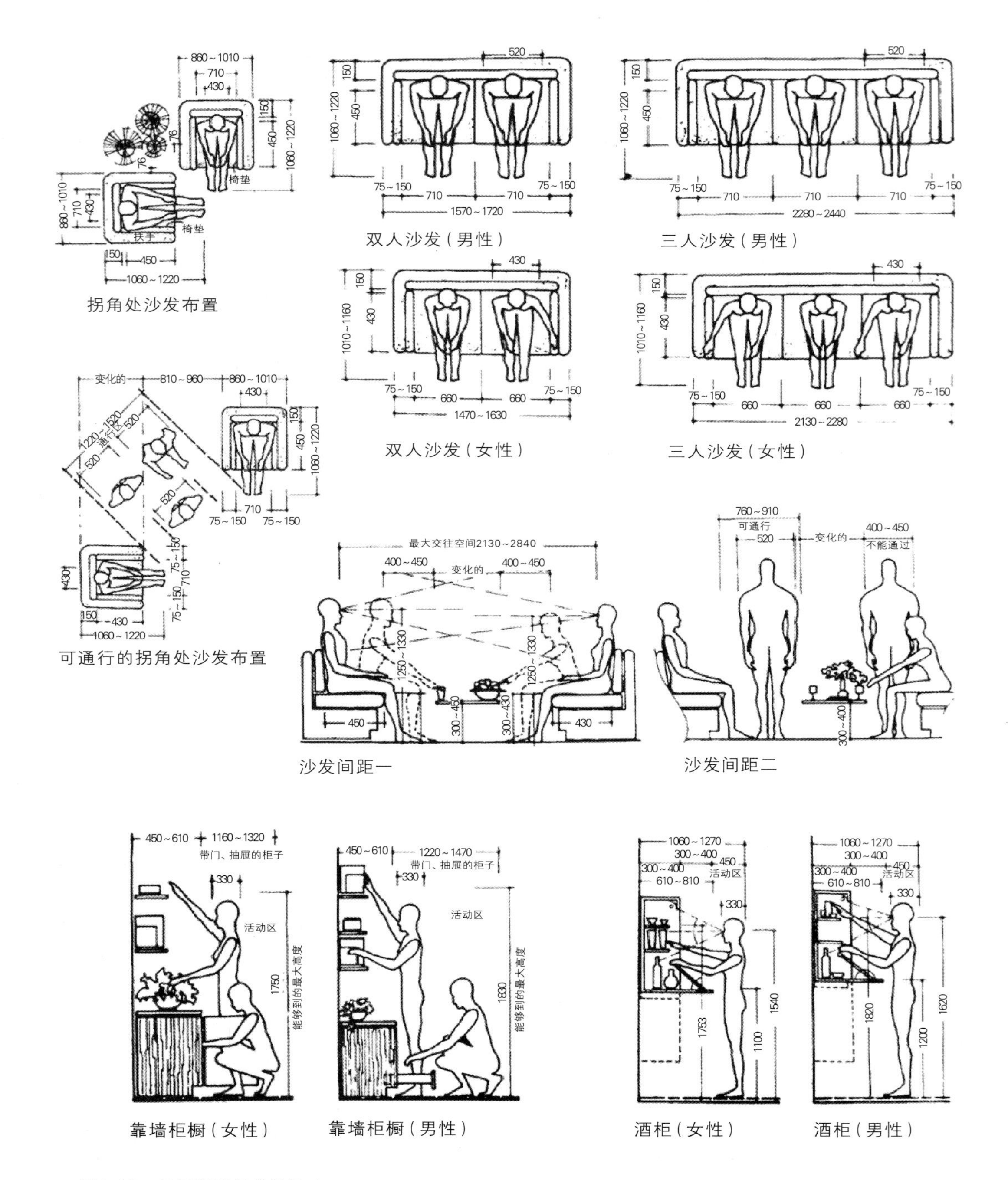

图8-33　起居室家具常用尺寸

图8-34　“U”形布置的厨房

气灶等。设计的关键要素是各个设计对象的高度、开启方式以及各个单体相互间在布局上的配合。

①厨房操作台。通常情况下，厨房操作台区域布置如图8-35所示。厨房中切菜的操作台的高度可以设计为880～910 mm，深度是610 mm，但是实际上这个高度并不适用所有人的使用要求，由于相对偏高，可以根据个体需要适当降低到880 mm左右。另外，多数人为了追求厨房设计的统一和美观，将所有的操作台均采用同一高度。但对于厨房中的所有活动而言，同一高度的操作台设计并不完全科学。例如，偏爱制作面食的家庭，操纵者需要揉面，为了方便操作者施力，减轻疲劳，可以设计一块小面积的独立的操作台，其高度可以适当降低为700 mm。而对于不同的家庭主厨而言，在设计装修过程中可以根据不同的个体身高进行适当的调整。

在厨房中，底柜亦是储存与饮食相关的原材料、调料、用具的重要空间。在底柜的设计中，可以采用对开门的形式。但是，这种方式的缺点在于，无论取用任何物品，操作者都要蹲下身。因此，可以将底柜改进设计成三层抽屉的形式。较为常用的物品可以放在远离地面的一层抽屉中，操作者取用时无须蹲、弯腰即可以完成目标，与对开门形式的底柜相比，抽屉式底柜的优势还在于大大降低了取用位于底柜深处的物品的难度，操作者拉开抽屉，各种物品就能随手取用，免去下蹲状态下前倾身体取用物品的不便。

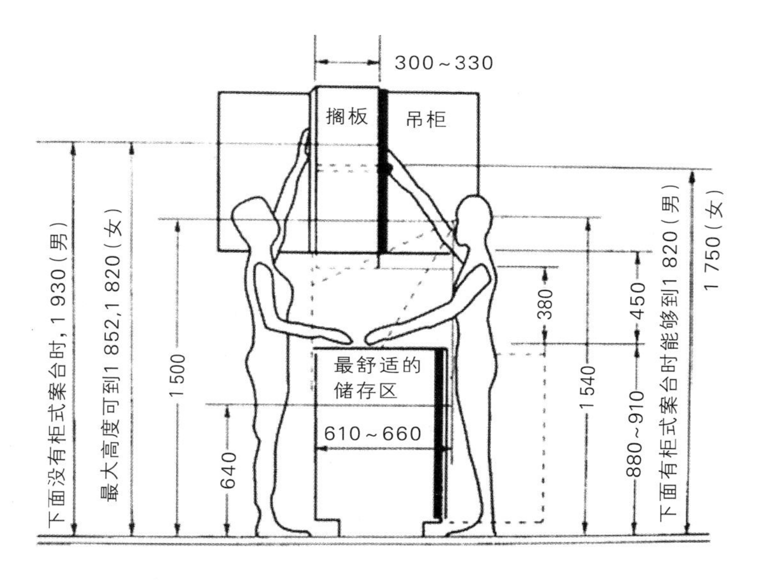

图8-35　厨房操作台区域布置

②吊柜。吊柜在储藏食物原材料、调料和厨房用具方面起着重要的作用。由于家庭主厨要经常从吊柜中取用物品，所以在设计吊柜的过程中应当首先注重吊柜的高度设计要素。吊柜及水池区域布置如图8-36所示，一般情况下，吊柜距离切菜的操作台表面的标准距离是560 mm。为了操作者取用物品方便，最常用的物品应该放在距地高度880～1 500 mm处，这段区域被称为舒适储存区。吊柜的最佳距地面高度为

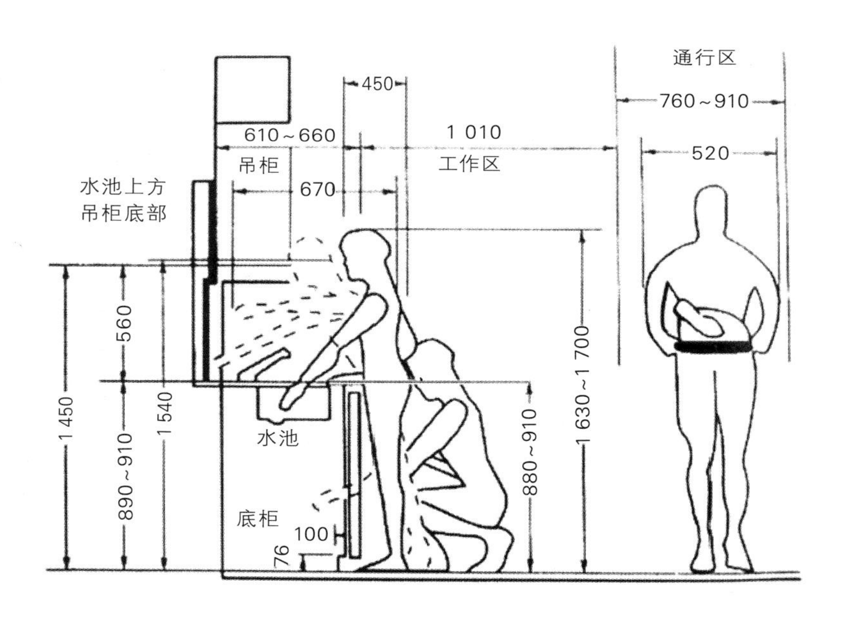

图8-36　吊柜及水池区域布置

1 450 mm。另外，吊柜的进深尺寸设计不能过大，一般可以设计为305～400 mm。如果进深过大，可能导致人们取用物品不便或者吊柜内部深处空间的浪费。这些距离是理论上一般采用的距离，在实际的个案设计中，可以在遵循基本原则的基础上进行适当的修改，基本原则是方便不同身高的家庭主厨在做饭的过程中，以站姿随时取用吊柜中的物品。以安全性和方便性为出发点，吊柜的柜门设计应当优先考虑采用向上折叠的气压门。如果柜门采用对开门的设计，当吊柜门处于打开状态时，柜门将妨碍操作者在操作台附近进行操作，或者在无意中碰伤操作者的头部。

从方便实用的角度出发，吊柜与操作台之间的距离可以进行两种方式的利用：一种在墙面部分设计壁挂支架或者挂钩，用来放置较常用的厨具；另一种在操作台上辟出一小块合适的空间摆放常用的厨具。

③厨房的布局。一般情况下，水池、煤气灶的高度设计与切菜的工作台的高度近似。厨房烹饪区域布置如图8-37所示，厨房燃气灶台的高度以距地面890～920 mm为宜。在厨房设计中，抽油烟机应当遵循以下原则进行安装设计：保证使用者在个体的差异化身高相应的站姿情况下，舒适地触及抽油烟机按钮的范围进行安装设计，抽

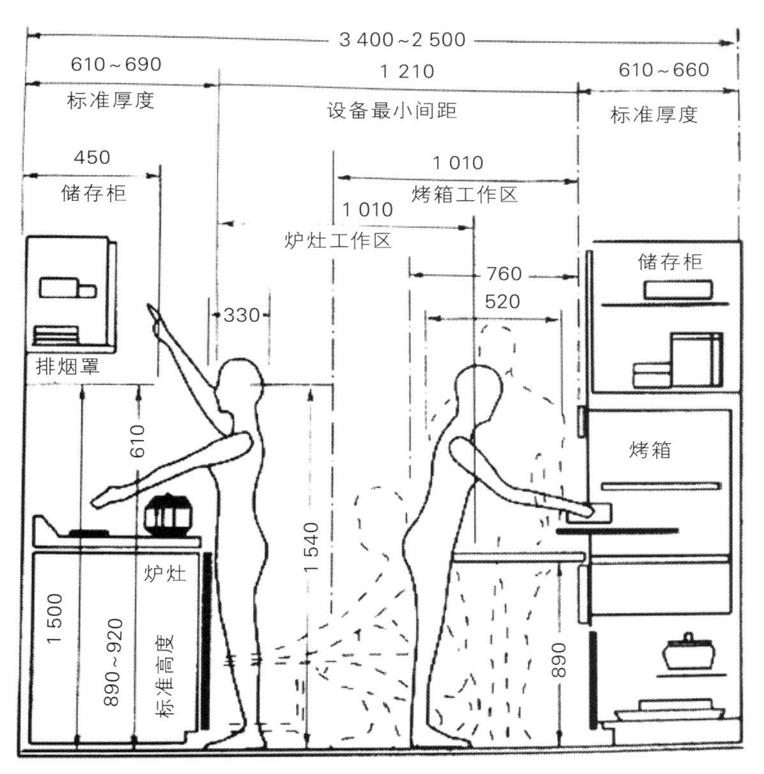

图8-37　厨房烹饪区域布置

油烟机与灶台的距离一般取610 mm左右。在现代的厨房家居环境中，可以根据不同使用者的要求进行针对性的设计，以满足不同个体差异化身高条件下操作活动舒适的要求。

煤气灶的布局位置不宜安排在靠近门的位置，因为在开关门的时候，风很容易把灶台的火吹灭。同样，煤气灶如果布局在窗的附近，也会造成类似的安全隐患。因此，设计布局上要避免这两个位置。

另一方面，水池、煤气灶的布局要避免安放在厨房的角落里。如果水池布置的位置紧贴角落，操作者在洗涤原材料和餐具时，肘部可能经常碰到墙壁。同样，如果将煤气灶布置在紧贴墙壁处，则在使用靠近墙壁角落的灶眼煎炒食物时，手肘关节会碰到墙壁，从而影响操作者的翻炒动作。这个灶眼只能勉强进行蒸煮的烹饪活动，给家庭主厨造成一定程度上的不便。水池、煤气灶布置的位置距离墙面至少应当有300 mm，这样才能有足够的空间让操作者自由地操作。这段300 mm的距离可以用操作台面连接起来，在烹饪过程中方便操作者临时摆放需要使用的餐具等物品。

水池、煤气灶台面最好依次布局在同一条水平操作台面上，如图8-38所示。在制作食物的流程中，首先是洗涤过程，之后是在操作台面上加工食物原材料，最后是使用煤气灶进行食物的加工。如果操作者要炒制不同的菜肴，在炒制完成一种菜肴之后，需要将炒锅从灶台拿到水池里取水进行清洗，然后继续炒制工作。因此，水池、加工食物原材料的操作台面、煤气灶台面三者可以依次设计在同一边的水平台面上。现在家庭在“U”形厨房中，通常将水池、煤气灶台面分别设计在厨房的两条相对的长

图8-38　厨房操作台面水平布局

边上，这样的布局设计增加了操作者在中间来回走动的时间，便利性较差，并且容易使洗涤用具残留的水滴滴落在厨房的地板上。另外一种岛型设计的操作台，煤气灶台面设计和加工操作区都设计在同一块岛型操作台面上，而制作中餐经常煎炒菜肴，一段时间过后整个操作台面上都会布满油渍，清洁工作比较繁重复杂。

在水池相关的设计细节中，从人性化的角度出发，水盆上面的水龙头最好选用可以用手背完成开关动作的样式。因为在制作菜肴的整个过程中，操作者无法保证双手时刻处于清洁状态，如果设计的龙头必须使用手指控制开关，当手上有油的时候就不容易控制，并且水龙头不易保持清洁，日后的清洁工作量将增大。

在厨房设计布局中，冰箱的布局位置应当从易用性这一人体工程学观点出发。有些家庭将冰箱随意摆放在厨房甚至餐厅的任意位置，这首先会让家庭主厨在操作过程中走很多不必要的、重复的路；其次可能会使从冰箱里取出的物品不能随手放在操作台上，运送物品的过程浪费了体力和时间。冰箱应当摆放在距离厨房门口最近的位置，并且在冰箱的附近最好设计一个小操作台。这样人们采购回来的蔬菜和食物可以不进厨房就放进冰箱。在做饭时，操作者也可以进入厨房之后，方便地取用冰箱中的蔬菜等，并随手将蔬菜等放在厨房的操作台上，还可以接下来对酱制品进行一些简单的加工。有研究表明，在厨房的设计布局中，以冰箱为中心的储藏区、以水池为中心的洗涤区、以操作台为中心的加工区、以煤气灶为中心的烹饪区依次邻近布置，才符合人们的炊事行为规律，可以使操作者在厨房的活动最为省时、省力。

8.3.4 人体工程学与卫生间的设计

(1) 卫生间的功能

卫生间是为满足生理需求而设置的空间，其具体功能包括洗漱、淋浴、如厕等。淋浴有助于保持清洁、消除疲劳，还对放松疲惫心理有很大的帮助。因此，从人体工程学的角度出发，卫生间的空间设计要注重使用的方便性、安全性、易于清洁性等主要原则，如图8-39所示。

(2) 卫生间的设置

因为卫生间通常比较潮湿，因此地面、墙面、屋顶都要选用防水材料。卫生间的装饰设计不应影响卫生间的采光、通风效果；电线和电器设备的选用和设置应符合电器安全规程的规定。地面设计首先要做好防水层，在选用上层的地砖时要以防水、防滑、耐脏为原则，可以选用大块的防滑地砖，方便清洗，容易保持洁净。墙面设计以

图8-39　卫生间设计

素色的、光洁的瓷砖为宜，为了美观，可以在局部或者某一高度的水平线上安装一些装饰性强的彩绘瓷砖。屋顶设计主要是做防潮处理，可以选择塑料板材、墙砖，也可以用防水涂料处理。在整体的色彩设计上，应当选择高明度、低彩度的冷色调色彩，以给人明亮、清洁的心理感受。在采光设计上，整体照明保证一般性照明即可，在盥洗区域应另外加一盏照明灯，便于洗漱和简单的梳妆。

①盥洗区域。如图8-40所示，盥洗盆的安装高度可以取距地700～800 mm，由于家庭成员性别和年龄不同，存在身高差异，所以在实际安装过程中可以酌情改变安装高度。另外，可以在面盆外围配合设计相同高度的台面，这样便于在台面上放置洗

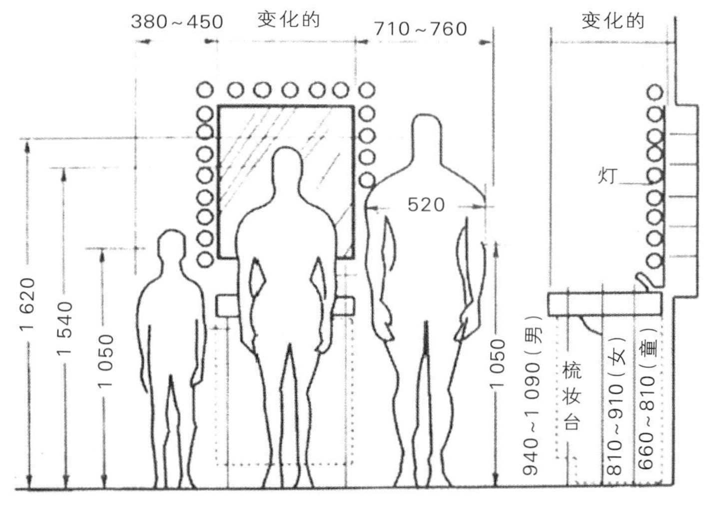

图8-40　盥洗区域布置

漱、梳妆用品。盥洗盆上方应当安装一面梳妆镜，镜子下沿距地高度不能少于900 mm，镜面大小以及上沿高度可以视具体情况而定，一般上沿距地高度不超过2 000 mm。在盥洗台面附近的墙面上，可以设计安装一个小的木柜，便于放一些随取随用的物品，以提高空间的利用率和物品的整洁性。

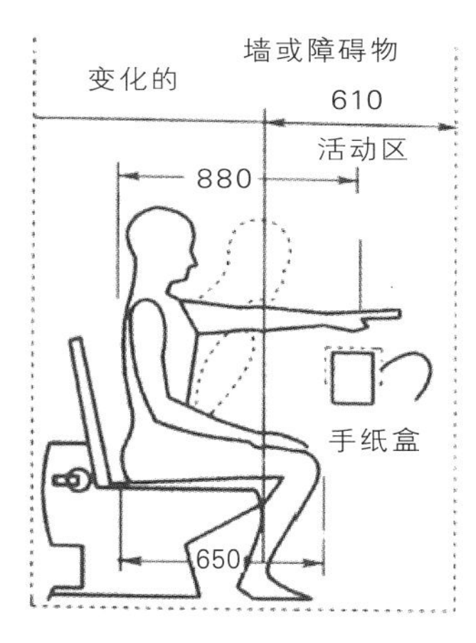

图8-41　坐便器区域立面布置

②卫生间的坐便器。坐便器一般靠墙安装，如图8-41所示。坐便器前端距离墙面应当有一个距离为610 mm的活动区，其理想的安装高度是距地400 mm。如果是有老年人使用的卫生间，在坐便器周围的墙面上可以加装不锈钢扶手栏杆，以保证老年人站起来时省力并防止摔倒。

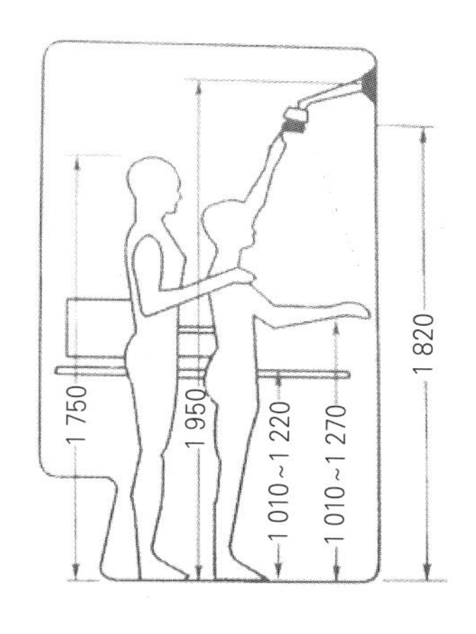

图8-42　淋浴房立面布置

③卫生间的沐浴区域。沐浴区域的设计一般辟出卫生间一角作为淋浴房或者安装浴缸。如图8-42所示，淋浴器的安装高度按照标准是1 950 mm，但是实际也可能安装在距地2 050～2 100 mm，以保证特殊身高的人也能舒适地使用。开关阀可以安装在距地高度为1010～1 270 mm的地方。在与安装淋浴器所在墙面相交的立面墙壁上，应当安装小型的搁物架或者储物柜，用于平时摆放洗浴用品，并且方便沐浴时随时取用。在储物柜旁边安装毛巾架，毛巾架的安装高度可以在开关阀上方150～200 mm处。淋浴房的地面最好使用防滑地面，以增加使用的安全性。浴室门不能设计使用插销门，以避免发生意外情况时无法从外部进入淋浴房实施救援。

除上述因素以外，设计师还要考虑卫生间内的电器应当以防水性能好为基本准则。开关、电缆、插头应具有防水性保护，通电使用时不怕水淋，避免漏电或者损坏。

8.3.5　人体工程学与餐厅设计

(1) 餐厅的功能及空间的位置

餐厅是家人日常进餐的主要场所，也是宴请亲友的活动空间。因其功能的重要性，每一个家庭都应设置一个独立餐厅，住宅条件不具备设立餐厅的也应在起居室或厨房设置一个开放式或半独立式的用餐区域。倘若餐厅处于一围合空间，其表现形式可自由发挥；倘若是开放型布局，应与其同处一个空间的其他区域保持格调的统一。无论采取何种用餐方式，餐厅的位置在厨房与起居室之间最为有利，这在使用上可缩短食品供应时间和就座进餐的交通路线，如图8-43所示。

图8-43　开放式餐厅

(2) 餐厅的家具布置

我国自古就有“民以食为天”的说法，所以用餐是一项较为正规的活动，因而无论在用餐环境还是用餐方式上都有一定的讲究。而在现代观念中，则更强调幽雅的环境以及气氛的营造。所以，现代家庭在进行餐厅装饰设计时，除家具的选择、摆设的位置外，应更注重灯光的调节以及色彩的运用，这样才能布置出一个独具特色的餐厅。在灯光处理上，餐厅顶部的吊灯或灯棚属餐室的主光源，也是形成情调的视觉中心。在空间允许的前提下，最好能在主光源周围布设一些低照度的辅助灯具，用以营造轻松愉快的气氛。在色彩上，宜以明朗轻快的调子为主，用以增加进餐的情趣。在家具配置上，应根据家庭日常进餐人数来确定，同时考虑宴请亲友的需要。

餐厅可用折叠式的餐桌椅进行布置，以增强在使用上的机动性；为节约占地面积，餐桌椅本身应采用小尺度设计。应根据餐室或用餐区位的空间大小与形状以及家庭的用餐习惯选择适合的家具。西方多采用长方形或椭圆形的餐桌，而我国多选择正方形与圆形的餐桌。此外，餐柜的流畅造型与酒具的合理陈设也是产生赏心悦目效果的重要因素，更可在一定程度上规范以往的不良进餐习惯。

(3) 餐厅的空间界面设计

餐厅的功能性较为单一，因而室内设计必须考虑到空间界面的设计、材质的选择以及色彩、灯光的设计和家具配置等全方位配合来营造一种适宜进餐的气氛。一个空间格调的形成是由空间界面的设计来决定的，下面就分析讨论一下餐厅空间界面的组成及特性。

①顶棚。餐厅的顶棚设计往往比较丰富而且讲求对称，其几何中心对应的位置是餐桌，因为餐厅无论在中国还是西方，无论圆桌还是方桌，就餐者均围绕餐桌而坐，从而形成了一个无形的中心环境。由于人是坐着就餐，所以就餐活动所需层高并不高，这样设计师就可以借助吊顶的变化丰富餐室环境，同时也可以用暗槽灯的形式来制造气氛。顶棚的造型并不一律要求对称，但即便不是对称的，其几何中心也应位于中心位置，这样处理有利于空间的秩序化。顶棚是餐厅照明光源主要所在，其照明形式是多种多样的。灯具有吊灯、筒灯、射灯、暗槽灯、格栅灯等，应当在顶棚上合理布置不同种类的灯具。灯具的布置除了应满足餐厅的照明要求以外，还应考虑家具的布置以及墙面饰物的位置，以使各类灯具有所呼应。顶棚的形态除了照明功能以外，主要是为了创造就餐的环境氛围，因而除了灯具以外，还可以悬挂其他艺术品或饰物。

②地面。较之其他空间，餐厅的地面可以有更加丰富的变化，可选用的材料有石材、地砖、木地板、水磨石等。地面的图案样式也可以有更多的选择，均衡的、对称的、不规则的等，应当根据设计的总体设想来把握材料的选择和图案的形式。餐厅的地面材料选择和做法的实际还应当考虑便于清洁这一因素，以适应餐厅的特定要求，要使地面材料有一定的防水和防油污特性，做法上要考虑使灰尘不易附着于构造缝之间。

③墙面。在现代社会，就餐已成为一种重要的活动，餐厅空间使用的时间段也相应地越来越长。餐厅不仅是全家人日常共同进餐的地方，而且也是邀请亲朋好友交谈与休闲的地方。对餐厅墙面进行装饰时，应从建筑内部把握空间，根据空间使用性质、所处的位置及个人嗜好，采用科学技术与艺术手法相结合的方法，创造功能合理、舒适美观，符合人的生理、心理要求的空间环境。餐厅墙面的装饰除了要遵循餐厅和居室整体环境相协调的原则以外，还要考虑到它的实用功能和美化效果的特殊要求。一般来讲，餐厅较之卧室、书房等空间，其所蕴含的氛围要活泼一些，温馨一些。

(4) 餐厅家具布置常用尺寸

餐厅主要围绕餐桌、椅及餐厅的空间尺度来展开，以保证人体能完成相应的功能活动和舒适进餐，如图8-44所示。

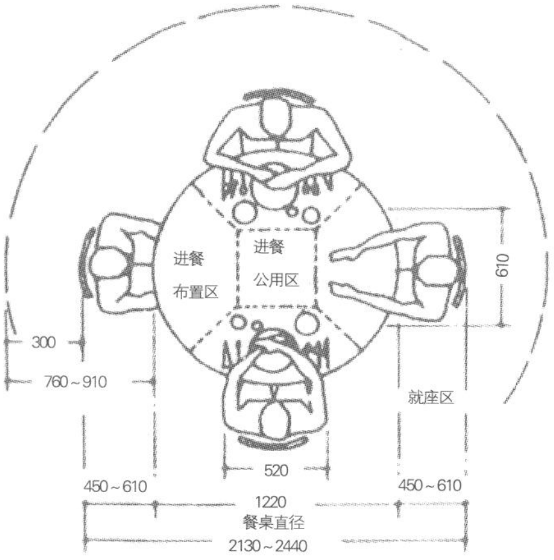

四人用小圆桌尺寸

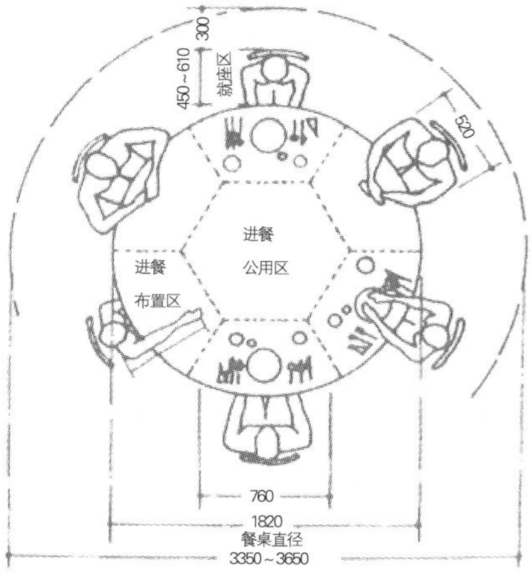

四人用餐桌

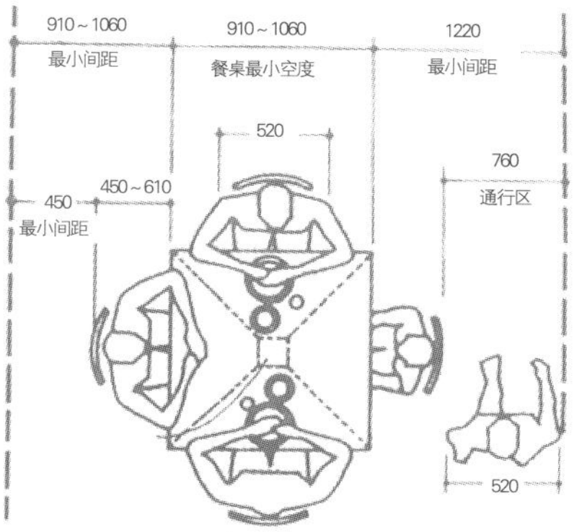

四人用小方桌

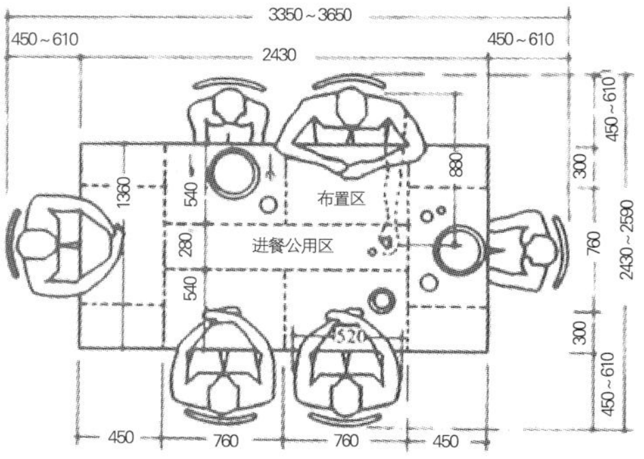

长方形六人用餐桌（西餐）

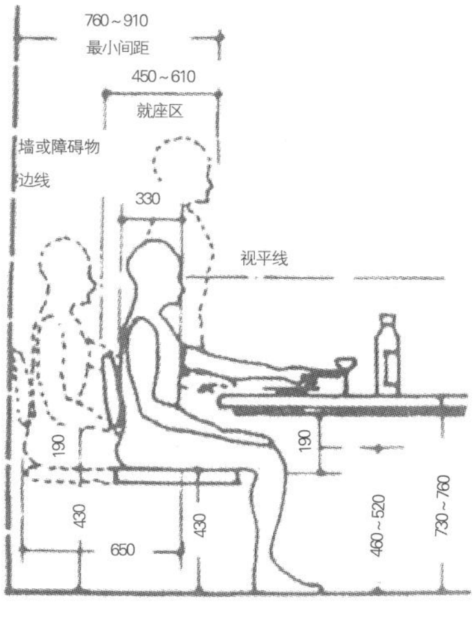

最小就座区间距（不能通行）

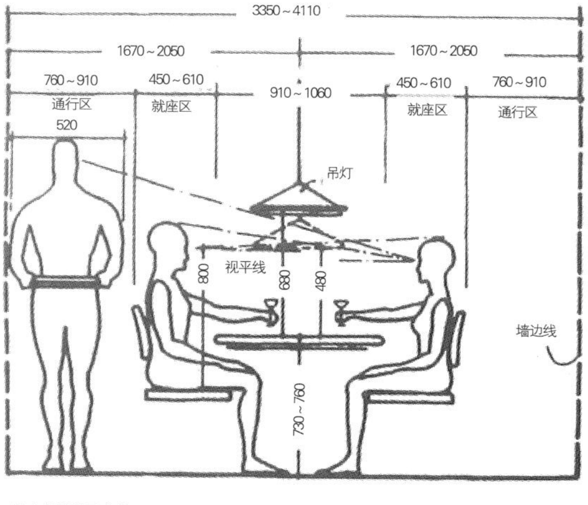

最小用餐单元宽度

图8-44　餐厅家具布置常用尺寸

8.3.6 人体工程学与卧室的设计

(1) 卧室的性质及空间位置

卧室是人睡觉的私密性空间。一方面，要使人们能安静地休息和睡眠，还要减轻铺床、收床等家务劳动，更要确保生活私密性；另一方面，要满足休闲、工作、梳妆及卫生保健等综合要求。因此，卧室实际上具有睡眠、休闲、梳妆、洗浴、储藏等综合功能。

卧室的主要功能是供人们休息睡眠，人们对此也始终给予足够的重视。首先是卧室的面积大小应当能满足基本家具布局，如单人床或双人床的摆放以及适当的配套家具。其次要对卧室的位置给予恰当的安排。睡眠区域在住宅中属于私密性很强的空间——安静区域，因而在建筑设计的空间组织方面，往往把它安排于住宅的最里端，要和门口保持一定的距离，同时也要和公用部分保持一定的间隔关系，以避免相互之间的干扰；另一方面，在设计的细节处理上要注重卧室的睡眠功能对空间光线、声音、色彩、触觉上的要求，以保证卧室拥有高质量的使用功能。

卧室可分为主卧室、子女卧室、老人卧室、客人用房。其设计要素虽略有区别，但又多有相同之处。要求设计师从色彩、位置、家具布置、使用材料、艺术陈设等多方面入手，统筹兼顾，使不同性质的卧室在形象上有其应有的定位关系和形态特征。

(2) 卧室的种类及要求

①主卧室。主卧室是房屋主人的私密生活空间，不仅要满足双方情感与志趣上的共同理想，而且也必须顾及夫妻双方的个性需求。高度的私密性和安定感是主卧室布置的基本要求。在功能上，主卧室一方面要满足休息和睡眠等要求；另一方面，必须合乎休闲、工作、梳妆及卫生保健等综合要求。因此，主卧室实际上是具有睡眠、休闲、梳妆、盥洗、储藏等综合实用功能的活动空间，如图8-45所示。

图8-45　主卧室设计

在形式上，主卧室的睡眠区位可分为两种基本模式，即“共享型”和“独立型”。所谓“共享型”的睡眠区位就是共享一个公共空间进行睡眠休息等活动。在家具的布置上可根据双方生活习惯选择，要求有适当距离的，可选择对床，要求亲密的可选择双人床，但容易造成相互干扰。所谓“独立型”，则是以同一区域的两个独立空间来处理双方的睡眠和休息问题，以尽量减少夫妻双方的相互干扰。以上两种睡眠区域的布设模式虽然不十全十美，但却在生理与心理要求上符合各个阶段夫妻生活的需要。

主卧室的休闲区位是在卧室内满足主人视听、阅读、思考等以休闲活动为主要内容的区域，在布置时可根据夫妻双方在休息方面的具体要求，选择适宜的空间区位，配以家具与必要的设备。可以根据个人喜好分别采用活动式、组合式或嵌入式的梳妆家具形式。从效果看，后两者不仅可节省空间，而且有助于增进整个房间的统一感。

更衣也是卧室活动的组成部分，在居住条件允许的情况下可设置独立的更衣区位或与美容区位有机结合形成一个和谐的空间。在空间受限制时，也应在适宜的位置上设立简单的更衣区域。

卧室的卫生区位主要指浴室，最理想的状况是主卧室设有专用的浴室，在实际居住环境条件达不到时，也应使卧室与浴室间保持一个相对便捷的距离，以保证卫浴活动的隐蔽及便利。

主卧室的储藏物多以衣物、被褥为主，一般嵌入式的壁柜系统较为理想，这样有利于加强卧室的储藏功能。亦可根据实际需要，设置容量与功能较为完善的其他形式的储藏家具。

总之，主卧室的布置应达到隐秘、宁静、便利、合理、舒适和健康等要求。在充分表现个性色彩的基础上，营造出优美的格调与温馨的气氛，使主人在优雅的生活环境中得到充分放松、休息与心绪的宁静。

②儿女卧室（次卧室）。子女卧室相对主卧室可称为次卧室，是儿女成长与发展的私密空间，在设计上要充分照顾到儿女的年龄、性别与性格等特定的个性因素。根据子女成长的过程，可将其卧室大致分为以下几个阶段：婴儿期卧室、幼儿期卧室、儿童期卧室、青少年期卧室、青年期卧室。

A.婴儿期卧室。婴儿期卧室多指从出生到周岁这一时期。在原则上，最好能在此阶段为儿女设置单独的婴儿室，但往往考虑照顾方便，多是在主卧室内设置育婴区。育婴室或育婴区的设置应从保证相对的卫生和安全出发。主要设备为婴儿床、婴儿食品及器皿的柜架、婴儿衣被柜等，如图8-46所示。

图8-46　婴儿期卧室

图8-47　幼儿期卧室

B.幼儿期卧室。幼儿期又称学前期，指1—6岁的孩子。幼儿卧室在布置上，应以保证安全和方便照顾为首要考虑。卧室的选择还应保证充足的阳光，新鲜的空气和适宜的室温等有助于幼儿成长的自然因素，如图8-47所示。

C.儿童期卧室。儿童期指从学龄开始至性意识初萌的这一阶段，从年龄上看是指7—12岁的孩子。睡眠区应逐渐赋予适度的成熟色彩，并逐渐完善以学习为主要目的工作区域，如图8-48所示。

图8-48　儿童期卧室

图8-49　青少年卧室

D.青少年期卧室。青少年期泛指12—18岁的孩子，在学制上多处在中学阶段。卧室必须兼顾学习与休闲的双重功能，使他们在合理良好的环境条件下，发掘正确的志趣，培养良好的习惯，如图8-49所示。

E.青年期卧室。青年期系指具备公民权利开始以后的时期。卧室宜充分显示其学业与职业特点，并应在结合自身的性格因素与业余爱好等方面寻求有特点的形式表现，如图8-50所示。

图8-50　青年期卧室

总之，儿童期和青少年期的卧室在睡眠区域的设计上应该赋予适当的色彩，并完善学习区域，青少年房间往往以书桌和书架作为中心。根据人体工程学的原理，为了孩子的舒适方便并有益于其身体健康，在为孩子选择家具时，应该充分考虑到孩子的年龄和体型特征。写字台前的椅子最好能调节高度，因为如果儿童长期使用高矮不合适的桌椅会导致驼背、近视，影响正常发育。在家具的设计中，要注意多功能性及合理性。例如，在给孩子做组合柜时，不宜做成玩具柜，书柜和书桌上部宜作为装饰空间。根据儿童的审美特点，家具的颜色也要选择明朗艳丽的色调。鲜艳明快的色彩不仅可以使儿童保持活泼积极的心理状态和愉悦的心境，而且可以改善室内亮度，营造明朗亲切的室内环境。处在这种环境下，孩子能产生安全感和归属感。在房间的整体布局上，家具要少而精，合理利用室内空间。摆放家具时，要注意安全、合理，设法给孩子留下一块活动空间，家具尽量靠墙摆放。孩子们的学习用具和玩具最好放在开放式的架子上，便于随时拿取。

③老年人卧室。人到暮年以后，心理上和生理上均会发生许多变化。进行老年人房间的装饰、陈设的设计，首先要切实考虑老年人的心理和生理特点，做些特殊的布置和装饰。

老年人的一大特点是好静，因此对居家最基本的要求是门窗、墙壁隔声效果好，避免干扰，营造安静的环境。老年人一般体质下降，有的还患有老年性疾病，即使一些音量较小的音乐，对他们来说也是“噪声”，所以一定要防止噪声的干扰，否则会造成不良后果。

老年人一般腿脚不好，在选择日常生活中离不开的家具时应予以充分考虑。为了避免磕碰，家具的棱角应圆润细腻，避免生硬；确保房间地面平整，不作门槛，减少磕碰、扭伤与摔伤的概率。过高的橱、柜，低于膝的大抽屉都不宜用。在所有的家具中，床铺对于老年人至关重要，床铺高度要适中，便于上下、睡卧以及卧床时自取日用品，不至于稍有不慎就扭伤、摔伤。门厅要留足空间，方便轮椅和单架进出。

老年人的另一大特点是喜欢怀旧，所以在居室色彩的选择上，应偏古朴、平和、沉着的色彩，这与老年人的经验、阅历有关。随着各种新型装饰材料的大量出现，墙壁换上了柔和色的涂料或贴上了各种颜色的壁纸、壁布、壁毡，地面可铺上木地板或地毯。如果墙面是乳白、乳黄、藕荷色等素雅的颜色，可配富有生气、不感觉沉闷的家具。也可选用以木本色的天然色为基础，涂上不同色剂的家具，还可选用深棕色、驼色、棕黄色、珍珠色、米黄色等人工色调的家具。浅色家具显得轻巧明快，深色家具显得平稳庄重，可由老年人根据自己的喜好选择。墙面与家具一深一浅，相得益彰，只要对比不太强烈，就能有良好的视觉效果，如图8-51所示。

图8-51　老年人卧室

另外，还可以随季节的变化设计房间的色调：春夏季以轻快、凉爽的冷色调为主旋律，秋冬季以温暖怡人的暖色调为主题。例如，乳黄色的墙面、深棕色的家具、浅灰色的地毯，构成沉稳的色调；藕荷色墙面、珍珠白色家具、浅蓝色地毯、绿色植物及小工艺品，安详、舒适、雅致、自然，构成清爽的色调。

从科学的角度看，色彩与光、热的调和统一，能给老年人增添生活乐趣，令其身心愉悦，有利于消除疲劳，带来活力。老年人一般视力不佳，起夜较勤，晚上的灯光强弱要适中。房间中可摆有盆栽花卉，绿色是生命的象征，是生命之源，有了绿色植物，房间内就有了生气，还可以调节室内的温度、湿度，使室内空气清新。

总之，老年人的居室布置格局应以他们的身体条件为依据。家具设置需满足其起居方便的要求，为他们创造一个健康、亲切、舒适且优雅的环境。

(3) 卧室家具布置常用尺寸

卧室家具尺寸主要围绕卧具和人体活动尺度来展开，当然还涉及其他家具的尺寸，如梳妆台、挂衣柜等，如图8-52所示。

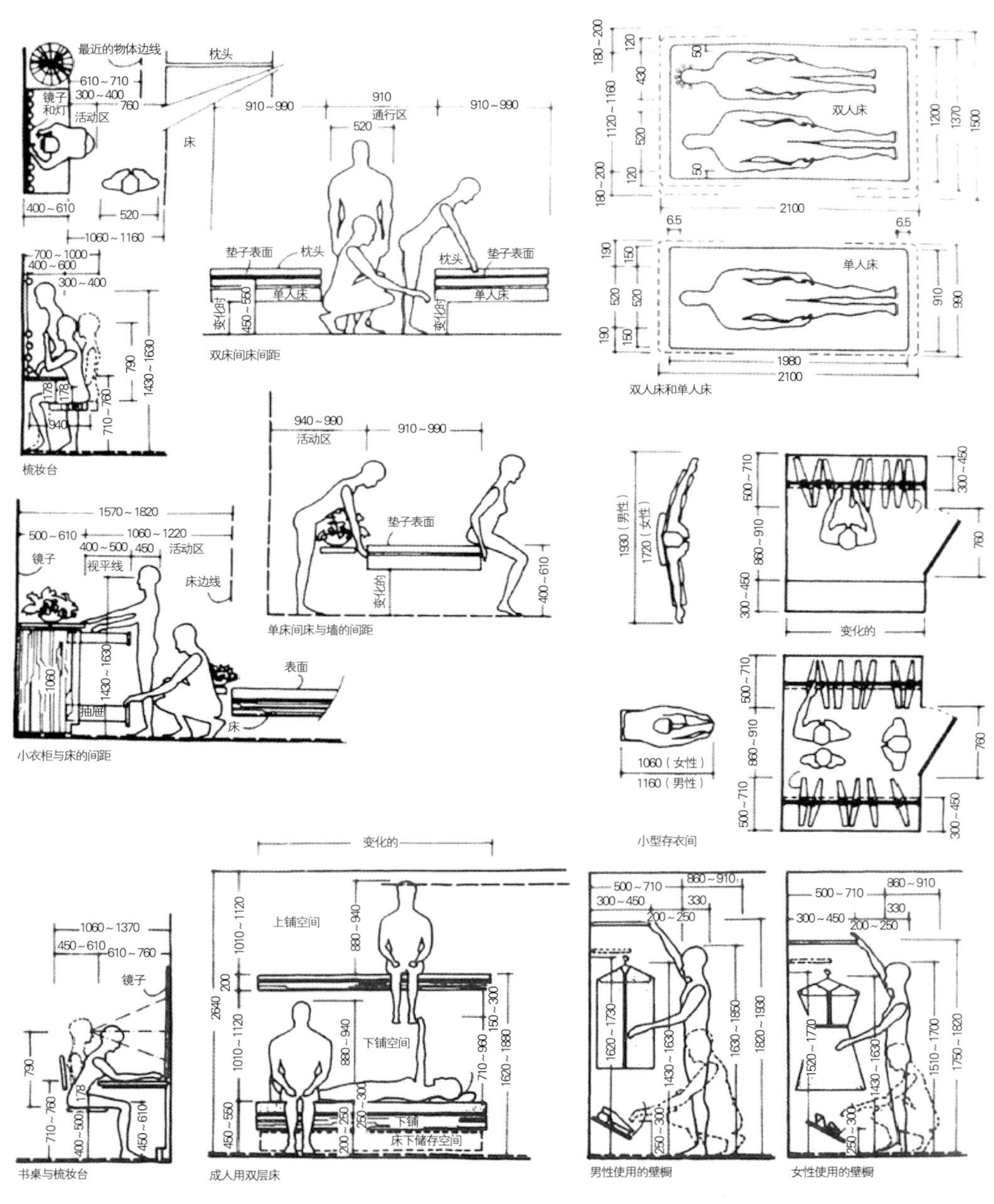

图8-52 卧室家具布置常用尺寸

8.3.7 人体工程学与书房的设计

(1) 书房的空间功能

书房是用来阅读、书写、工作和密谈的空间，是居住空间中私密性较强的区域之一，是人们基本居住条件高层次的要求。它虽然功能单一，但要求具备安静的环境、良好的采光，能令人保持轻松愉快的心态。在书房的布局中可分出工作区域、阅读和收藏区域两部分。其中，工作区域在位置和采光上要重点处理。在保证安静的环境和充足的采光同时还应设置局部照明，以满足工作的照明度。另外，工作区域与藏书区域的联系要便捷，而且藏书要有较大的展示面，以便查阅，如图8-53所示。

图8-53　将背景窗户作为主光源，显得静谧舒心

(2) 书房的空间位置

书房的设置要考虑到朝向、采光、景观、私密性等多项要求，以保证书房未来环境质量的优良。因而在朝向方面，书房多设在采光充足的南向、东南向或西南向，忌朝北，使室内照度较好，以便缓解视觉疲劳。

由于人在书写阅读时需要较为安静的环境，因此，书房在居室中的位置还应注意如下几点：

①适当偏离活动区，如起居室、餐厅，以避免干扰。

②远离厨房储藏间等家务用房，以保持清洁。

③和儿童卧室也应保持一定距离，以避免儿童的喧闹环境。

(3) 书房的布局及家具设施要求

①书房的布置形式。书房的布置形式与使用者的职业有关，应具体问题具体分析；书房的布置形式与空间有关，这里包括空间的形状、空间的大小、门窗的位置等。

②书房的家具设施。根据书房的性质以及主人的职业特点，书房的家具设施变化较为丰富，归纳起来有如下几类：

书籍陈列类：包括书架、文件柜、博古架、保险柜等，其尺寸以经济实用及使用方便为参照来设计选择。

阅读工作台面类：写字台、操作台、绘画工作台、电脑桌、工作椅。

附属设施：休闲椅、茶几、粉碎机、音响、工作台灯、笔架、电脑等。

③书房的装饰设计。书房是一个工作空间，但绝不等同于一般的办公室，它要和整个家居的气氛相和谐，同时又要巧妙地应用色彩、材质变化以及绿化手段来创造出一个宁静温馨的学习、工作环境。在家具布置上要根据使用者的工作习惯来布置摆设家具、设施甚至艺术品，以此体现主人的品位、个性。书房与办公室比起来往往杂乱无章，缺乏秩序，但却更富有人情和个性，如图8-54所示。

图8-54　宁静而温馨的书房

8.4 人体工程学在公共空间设计中的应用

8.4.1 办公空间设计

早期的办公空间没过多考虑人体工程学的因素，随着社会的发展和进步，现在则发生了很大的变化。人的相当部分时间处于工作的状态，因此办公室空间的合理性与舒适性成为人们普遍关注的问题，办公空间在人体工程学方面的考虑要远远大于其造型，如图8-55所示。

图8-55　亲和力强的现代开放式办公空间

(1) 办公空间的基本功能

一般规模的办公室最起码应该满足的功能要素是前台或文员、工作区、经理室、会计出纳室、洗手间、会议室、文印室、休息室。大型的办公空间功能会更加复杂，如设立专门的接待室、资料室、展示室等。所以在平面功能划分时应根据不同功能的要求，有目的、有意识地进行设计。

(2) 办公空间的划分

为了适应办公空间中的不同功能要素，办公空间的划分也要符合不同人的使用功能，同时也要保证出入口和通道能满足工作人员的正常流通。空间划分的合理将极大地提高工作人员的工作效率。

①前台或文员。可以在公司大门的入口处单独设立接待台，这样可保证对外来人

员的引导和公司的安全。一些中小规模的企业，文员和前台是一个人，且接待台还要能摆放计算机和日常处理的文件。一般来讲，前台是公司的门面，在设计上要能体现公司的品位和特色，给来访者留下良好的印象。如果面积允许，也可在前台附近设立等候区。

②工作区。工作区是公司中最繁忙的区域，是办公空间的中心，一般分为全开敞式、半开敞式和封闭式三种。

全开敞式办公的优点是员工之间可以无障碍交流，老板对员工的工作状态也可以一目了然，创造了一种较现代、轻松的工作环境，同时也存在着缺陷，比如打电话或接待客人时会彼此干扰，员工的私密性较差。

半开敞式办公的优点是利用隔断对开敞的空间进行重新分割，每个员工都有属于自己的小空间。室内显得井然有序，人与人之间互不干扰。同时由于隔断的高度一般在1.5 m左右，所以只要站起来就可以顺利地传递文件，家具的选择和布置也很合理，都围绕在员工触手可及的位置，使用起来非常方便。现在大部分公司都选择这种形式。

封闭式办公的优点是每个功能区明确，员工的私密性较好，工作时互不干扰，但交流较差，虽然都在一个公司，却有可能彼此陌生，不利于团队工作。

(3) 办公家具的选择

办公家具一般包括工作台、计算机、打印机、文件柜。文件柜用来放置各种文件、书籍、公用和私用的物品等。办公桌放置办公用品，如常用的文件、表格、合同等，其井井有条是工作效率的保证。此外，办公家具的布局还要注意应有足够的起身行走的通道。同时很多的细部设计也体现了人体工程学的因素，如图8-56所示。现代办公家具中，整体办公家具很流行，一是安装方便，使用灵活；二是样式多变，功能齐全。

图8-56　整体办公家具

(4) 办公室的照明环境

办公室的照明与工作的质量和效率有着极大的关系，在一个明亮宽敞的环境中工作，可以消除枯燥，使工作变得愉快，而对于管理者来讲，改善照明环境也意味着更多的利润。在实际设计时，可以参考和借鉴以下方法：

①在办公空间内，尽量避免直接看到光源。

②光源亮度在200 cd/m^{2}以上时，要使用遮光罩。

③光源要安装在与水平成30°角以上的区域。

④荧光灯灯管的安装方向要垂直于视线方向。

⑤总体光源功率一定时，低功率多点照明比高功率集中照明合理。

⑥桌面不要使用易反光的材料和颜色。

⑦照度取500～750 lx为宜。

⑧灯的设置最好与工作桌的设置相一致，避免产生死角。

(5) 办公空间常用尺寸

办公室家具常用尺寸如图8-57所示。

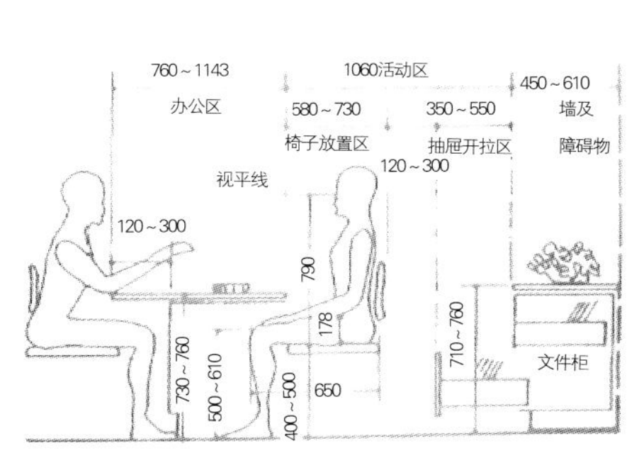

经理办公桌主要间距

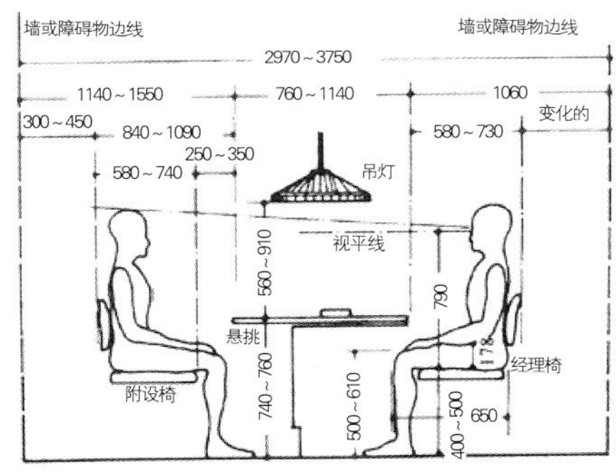

经理办公桌布置

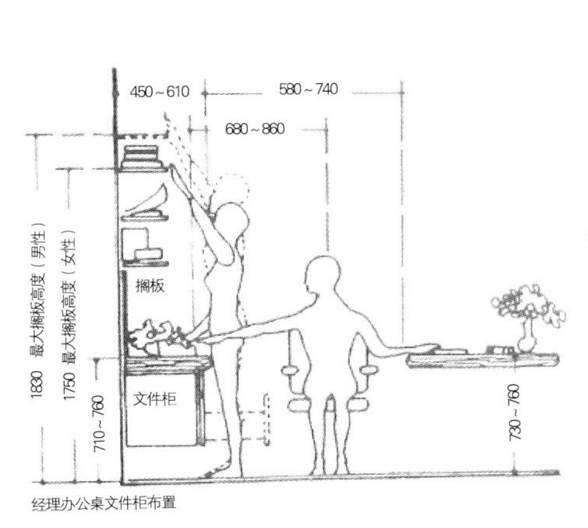

经理办公桌文件柜布置

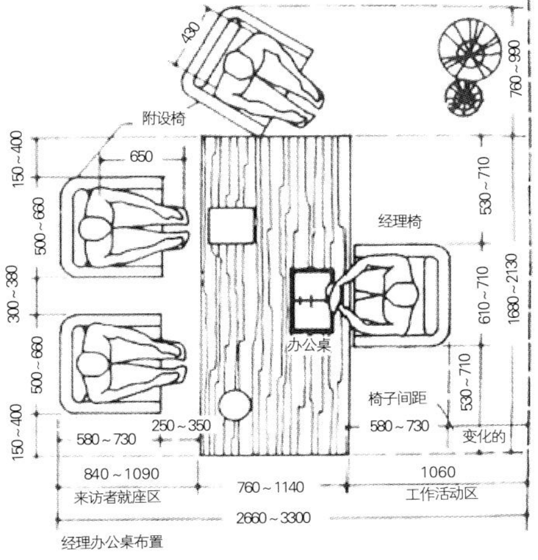

经理办公桌布置

图8-57　办公空间常用尺寸

8.4.2 商业空间设计

商业空间设计往往以独特的空间造型、新颖醒目的商品陈列、五光十色的照明设计以及变幻无穷的展示家具等元素，使顾客观览驻足，如图8-58所示。商业空间环境设计的主要作用是以店堂内丰富的空间设计和完美的装饰手段展示商店内的商品内涵与性格特色，吸引顾客的观览兴趣，诱发顾客的购买意识及购物行为，从而对商店本身的经营活动产生积极的推动作用。

图8-58 商业空间设计

（1）商业空间的规划设计

①设计内容。商业空间环境设计的内容十分丰富，包括店堂平面的布局，商品展示柜、橱柜的布局，销售商品柜台的陈列，储存商品的仓库空间设置，室内照明的灯光设计，通风和供冷暖设备的设计与安装，宣传广告及空间美化设计等。

从人体工程学的角度来讲，百货商店的设计要尽量使营业大厅宽敞，地面、墙面、柜台、栏杆等顾客经常接触的部位要使用便于清洁和经久耐磨的材料。通风、采光设施要保持良好，大型百货商店还应设置中央空调。营业部位的设置要根据商品特性进行安排，如日用商品宜设在最方便的地方，贵重商品可设在楼上，笨重商品可以安排在底层或地下室。

顾客流动路线和货物进出路线要在最初设计时就予以合理安排，避免交叉引起混乱。在空间隔断和柜台货架的平面布置上要有较大的灵活性，这是为变换经营商品所考虑的。安全消防措施要严格执行国家规范。

②设计原则。

A.功能与形式统一。坚持功能合理、环境美观、灯光适量、技术先进、经济节约、方便销售的总体设计原则。

B.追求个性及本身建筑空间的特点。只有这样，才能吸引顾客，给顾客留下深刻印象，达到设计和装修的目的。

C.注意商店本身经营产品的特点。例如，服装类商店一般都是开架售衣；家用电器类商店一般都是展台售货，自行车、摩托车类商店则不需要展示商品的柜橱。

D.重视交通流量和防火安全。商店必须保持有足够空间的出入口，供紧急情况出现时疏散顾客使用，购物空间的顾客通道必须保持一定的宽度，防止人多时过分拥挤。

E.要注意经济适用的原则，注重实际效果和经济效益。

F.设计时要充分考虑店堂空间中的声音、光线和空气温度、湿度等方面的因素。商场中使用背景音乐或具有吸声作用的天花板，可以减轻人与人说话产生的噪声，消除嘈杂声。灯光要首先注意色温，其次注意照度，应尽量使商品在灯光下能呈现出正常色彩。

G.设计配置时，要考虑到顾客心理、生理上的因素。例如，日用消费品类像肥皂、卫生纸等，国内商店一般都放在商店出口处，从而使顾客购买时感觉较为便利。

H.避免顾客的主要流向线与货物运输流向线交叉混杂，明确各个分区。

③购物心理与购物环境。人们的购物心理和行为多种多样，因此对购物环境也有着相应的要求，可归纳为以下五点：

A.便捷性。即店内外都要有方便购物的通道和设施。

B.选择性。即店内同类商品集中摆放，以便于顾客选择。

C.识别性。即店面设计要有特色，形式和内容统一，能给顾客留下深刻印象。

D.舒适性。即周边环境（如停车场）、店内空调、空间明亮、电动滚梯等都是保证舒适的购物环境所必需的。

E.安全性。即店内必须保证有足够的空间，防火设备、安全避难通道等必须齐全，给予顾客安全感。另外，货真价实的商品和热情的服务也能给顾客带来安全感。

（2）商业空间设计的注意事项

从人体工程学的角度分析，在设计时可注意以下几点：

①自动扶梯上下两端由于连接主通道，周围不宜挤占、摆放物品，应留出最少1 m的距离。

②商场的平面规划要体现展示性、服务性、休闲性、文化性。

③注意通道距离，一般主通道不超过3 m。

④大的商场还要设置顾客休息区、冷热饮区、吸烟区。

⑤合理地利用建筑本身的柱网，使之与柜台展示巧妙地结合在一起，充分利用空间起到美化的作用。

此外，在设计高展柜时要注意尺度上的合理分配。高展柜一般分成四段，第一段是距地面约600 mm的地方，主要存放货品和杂物。第二段是距地面600～1 500 mm的地方，此处为最佳陈列区域。第三段是在1 500～2 200 mm高的地方，为一般陈列区，因为这一区域虽手拿不方便，但展示效果在中远距离观看却比较明显，2 200 mm以上的高度一般安放商品的广告灯箱、宣传画等。中间部位是人伸手拿取最方便的位置，主要用来放置商品，如图8-59所示。

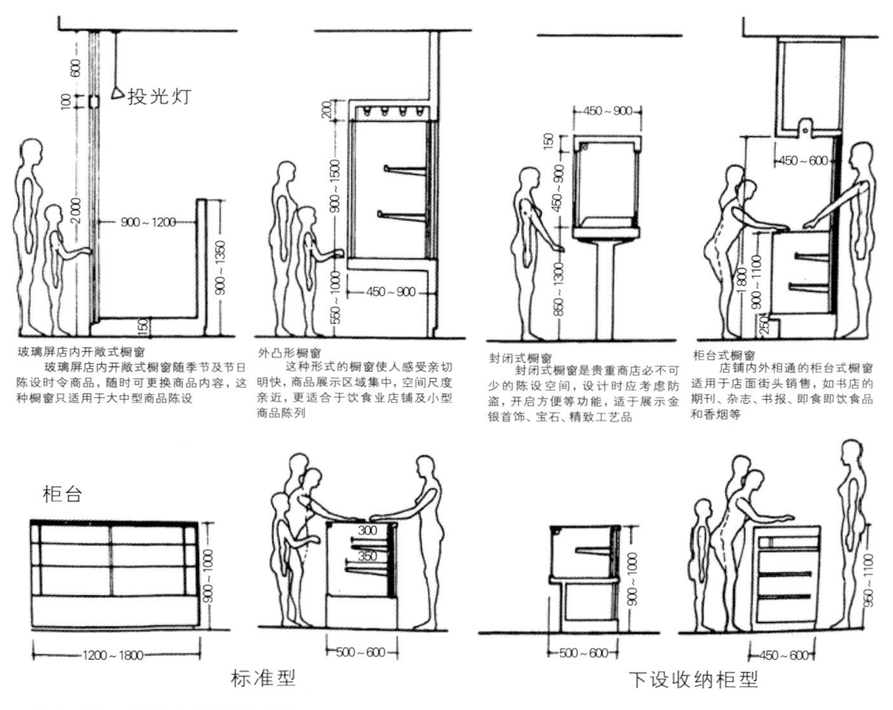

图8-59　常用商业橱柜尺寸

8.4.3 餐饮空间设计

餐饮空间的构成可分为“前台”和“后厨”两大部分。前台是指直接与顾客见面，供顾客直接使用的室内功能空间，如门厅、餐厅、雅座、洗手间、小卖部等；后台主要以操作间为中心，由办公、生活用房构成，其中操作间部分又分为主食加工与副食加工两条流程线。

“前台”与“后厨”的联系中心点是备餐间和付售部，这个区域是将“后厨”加工好的主副食递往前台送到顾客坐席上的过渡区。

(1) 餐饮空间规划

①家具的选择和设计。餐厅家具中，最重要的是餐桌椅和柜台（菜柜、酒柜和收银柜）。餐桌和椅子的造型与色彩要同环境相协调，柜台整洁明亮，尺度合理，尤其是风味餐厅要有独特的文化氛围和特色。

②坐席排列。坐席排列要整齐，错落有致，不能相互干扰，便于就餐和交流，并留出足够的起身等就餐活动空间。结合隔断、吊灯和地面升降等空间限定因素进行布置，将餐厅内设计成高低不同的就餐空间能产生立体空间感，丰富视觉空间，如图8-60所示。

③平面规划。平面布置既要满足就餐的要求，同时又要留有充足的过道空间，从而保证来往的就餐者和服务员的正常通行，另外还要考虑空间的特殊结构，充分予以利用。

(2) 餐饮环境设计

①光环境。大众型餐厅（一般餐馆、快餐厅、咖啡馆）的光环境要简洁明亮，尽量采用自然光，白天尽量不用人工照明，空间要尽量敞开，如图8-61所示。

酒吧和风味餐厅的光环境设计以暗色或暖色调为宜，照度不要太高，可采用暖色的白炽吊灯和壁灯，也可利用烛光点缀，如图8-62所示。

宴会厅的光环境可采用明亮的温暖色调，白天采用自然光和灯光组合照明，多采用暖色白炽吊灯和吸顶灯或带滤光片的日光灯，如图8-63所示。

②色彩环境。大众型餐厅一般采用明快的冷色调，如白色、灰绿色、浅橙色，给人干净整洁的印象即可。风味餐厅、宴会厅与咖啡馆常采用典雅的暖色调，如砖红、杏黄、驼黄、银色和金色等。

③细部装饰。窗帘、台布、插花、餐具的造型和色彩会影响总体空间的视觉效

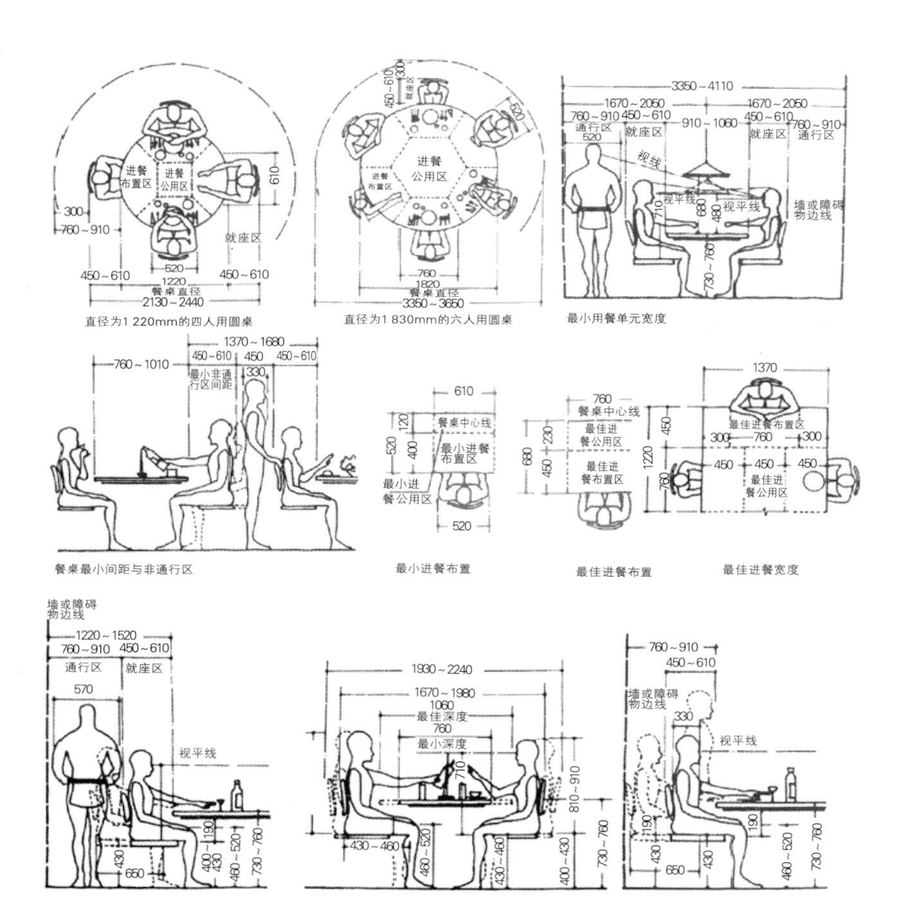

图8-60　坐席排列尺寸

图8-61　宁静的咖啡厅

图8-62　温馨的风味餐厅

图8-63　华丽的大型宴会厅

果，要整体和谐、典雅，局部对比鲜明，并注意和服务员的服饰色彩协调，不要太统一，有一定色彩对比的效果更好。在明显的通道处设置导引牌，方便顾客走动。

④音质环境。根据场合不同，可放不同的背景音乐（一般以轻音乐为主），但是音量宜小，以不影响同桌间谈话为准。

⑤通风与安全。保持通风和合适的温湿度也是就餐环境必不可少的条件，但是要注意通风与空调设备的隔音，防止产生影响环境的噪声。此外还要注意防火安全措施，保证防火设备和疏散通道的畅通。通透的备餐区和货架也能在心理上给人以安全感。

(3) 人—物—就餐空间的关系

在以上这三者中，人是流动的，物是活动的，空间是固定的，它们始终处于一个动态平衡中。三者中任何一个因素发生变化，都会引起其他两者的倾斜、运动，直到构成新的平衡关系，从而改变餐饮空间的构成形式，使其产生多种多样的类型。

人和空间关系是一个活动的过程，没有活动空间或场地就很难实现顾客的购物活动和业主的经销活动。随着商品的增多，生活水平的提高，经营手段的改善，这种活动的要求越来越高，也导致空间形式和尺度的不断变化。在物和空间的关系上，体现了一个物的放置过程，即商品的展示、陈列、运输和存储。随着科学的发展，商品的放置形式、手段也在不断地进步和改善。

参 考 文 献

anknao wenxian

[1] 赵江洪，谭 浩. 人机工程学[M]. 北京：高等教育出版社，2006.
[2] 赖维铁. 人机工程学[M]. 2版. 武汉：华中科技大学出版社，1997.
[3] 张建平. 人体工程学[M]. 南京：南京大学出版社，2012.
[4] 罗仕鉴，等. 人机界面设计[M]. 北京：机械工业出版社，2004.
[5] 刘盛璜. 人体工程学与室内设计[M]. 北京：中国建筑工业出版社，2004.
[6] 丁玉兰. 人因工程学[M].上海：上海交通大学出版社，2004.
[7] 蔡春雷，汪 颖. 人体工程学[M]. ，北京：中国建筑工业出版社，2007.
[8] 阮宝湘，邵祥华. 工业设计人机工程[M]. 北京：机械工业出版社，2005.
[9] 王 龙，周 玲. 人机工程学[M]. 长沙：湖南大学出版社，2010.
[10] 刘 峰 ，朱宁嘉. 人体工程学[M]. 沈阳：辽宁美术出版社，2007.
[11] 张峻霞，王新亭. 人机工程学与设计应用[M]，北京：国防工业出版社，2010.
[12] 李方园. 人机界面设计与应用[M]. 北京：化学工业出版社，2008.
[13] 李锋，吴丹. 人机工程学[M]. 北京：高等教育出版社，2009.
[14] 徐磊青. 人体工程学与环境行为学[M]. 北京：中国建筑工业出版社，2006.
[15] 罗盛. 人体工程学[M]. 哈尔滨：哈尔滨工程大学出版社，2009.